无人机

瀚鼎文化工作室◎编著

U0307454

航空工业出版社

北京

内 容 提 要

近年来，无人机技术发展迅猛，它在航空侦察、空中对地攻击以及近距离空中支援方面表现出色。本书详细介绍了无人机外形、分类、性能、战斗力等方面的知识，并通过图示加以说明，帮助读者了解和认知有关无人机的相关知识。本书适合广大军事爱好者阅读和学习。

图书在版编目（CIP）数据

百科图解无人机 / 瀚鼎文化工作室编著. -- 北京：
航空工业出版社，2017.9
ISBN 978-7-5165-1313-2

Ⅰ. ①百… Ⅱ. ①瀚… Ⅲ. ①无人驾驶飞机－图解
Ⅳ. ①V279-64

中国版本图书馆 CIP 数据核字（2017）第 219990 号

百科图解无人机
Baike Tujie Wurenji

航空工业出版社出版发行
（北京市朝阳区北苑 2 号院　100012）
发行部电话：010-84936597　010-84936343
隆元普瑞彩色印刷有限公司印刷　　　　　全国各地新华书店经售
2017 年 9 月第 1 版　　　　　　　　　　2017 年 9 月第 1 次印刷
开本：710×1000　1/16　　　印张：11　　　字数：204 千字
印数：1—5000　　　　　　　　　　　　　定价：29.80 元
（凡购买本社图书，如有印装质量问题，可与发行部联系调换）

前　言

　　无人机应用历史久远，几乎可追溯到飞机诞生之时，但直到近些年，无人机的发展才逐渐走向成熟。军用无人机在过去 20 年间发展迅猛，在航空侦察、空中对地攻击以及近距离空中支援方面表现出色。民用无人机则是在近五年才开始备受关注，成功 "飞" 到人们身边。从阿富汗战争以来，美国军队对无人机的依赖竟然达到令人难以置信的程度，2010 年美国国防部采购的无人机数量首次超过了有人机。

　　但是，人们对无人机的了解和认知，尤其是对军用无人机的认识仍然是一片混沌，究竟无人机的尺寸有多大？可飞行多远？它是怎样执行任务的？为什么无人机能够实现无人驾驶飞行？这些令人疑惑的问题，在本书中都能得到解答。本书详细地介绍了无人机外形、性能、战斗力等多方面知识，给予读者正确的引导。

CONTENTS

目录

CONTENTS

第一章
基础知识

何谓"无人机"

"无人机"是无人驾驶飞机的简称，英文缩写为"UAV"（Unmanned Aerial Vehicle）。无人机依靠无线遥控技术或者自动驾驶技术飞行，被广泛应用于科学观测及侦察、打击等任务。与传统飞机相比较，无人机具有操作成本低、运用弹性大及支援装备少等特性。从广义上讲，通常我们所说的无人机指无需人员驾驶的各种飞行器；从狭义上讲，包括军方使用的无人侦察机、无人攻击机等军用飞行器。

由于无人机不载人，因此飞机上没有驾驶舱，一般在驾驶舱的位置安装的是自动驾驶仪器、无电线接收装置等电子设备。这些设备通过雷达和地面进行联系，接收地面的指令或者反馈飞行状况。从某种意义上来说，这些设备扮演了飞行员的角色。

和很多高新科技一样，无人机技术最初是为军事用途而研发的，经过近一个世纪的发展，无人机技术已经愈发成熟，从最初仅能凭借并不十分可靠的惯性测量仪飞向目标方向（直到 20 世纪 90 年代，无人机都只是依靠惯性测量仪定位，测量仪包括机械陀螺仪、磁罗盘、压力传感器等），发展到了如今能够根据远程指令完成各种机动动作、执行各种任务的实用型作战飞机。

进入 21 世纪以后，随着新兴科技在无人机方面的应用，军用无人机的性能迅速提高，同时也加快了民用无人机问世的进程。早期的民用无人机并不像军用无人机那样有自动驾驶装置，它在飞行过程中完全依靠遥控者的操作水平和反应能力，与随处可见的遥控玩具并没有多大差别。现在，由于无线电遥控技术的进步和全球卫星定位系统的普及，民用无人机也能够在飞行过程中准确定位，并具备了相当可靠的自动飞行能力，这令遥控者的操作压力减轻不少，同时也有了充分的精力完成无人机的各种深度操作。

● 无人机的定义

不需要驾驶员驾驶的遥控飞行器

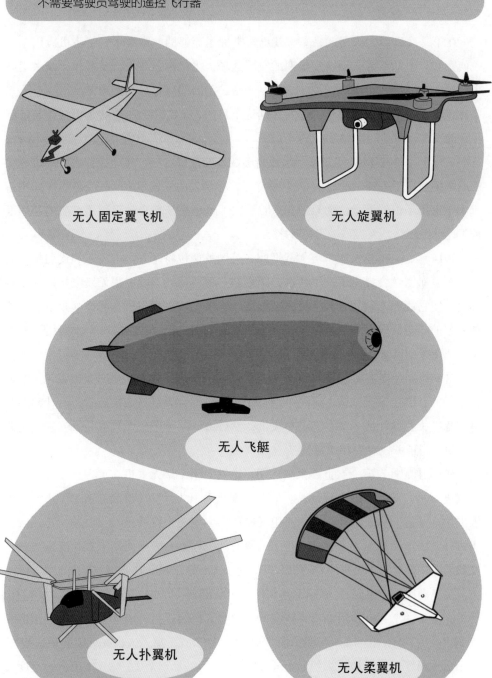

无人固定翼飞机

无人旋翼机

无人飞艇

无人扑翼机

无人柔翼机

最早的无人机是怎样的

在第一次世界大战期间，军方就已经掌握了足够的航空技术，将飞机应用于空中侦察和打击敌军等方面。在早期的空军战场，飞机都需要飞行员操作，众多王牌飞行员也难免命丧于激烈的战斗之中。于是，各国部队自然而然地萌生了制造不需要飞行员操作的飞机的想法，而要达到这个目的，就必须拥有能够远程指挥、控制飞行的技术。

实际上，早在1898年，塞尔维亚裔美国发明家尼古拉·特斯拉首次将无线远程控制系统使用于一艘微型船上。到1909年，美国发明家埃尔默·安布罗斯·斯帕雷成功研发出了惯性测量仪的雏形——陀螺仪，这也意味着自动飞行器首航的一切准备工作已经就绪，无人驾驶飞机呼之欲出。

1914年，正值第一次世界大战期间，英国的两位将军——卡德尔和皮切尔，向英国军事航空学会提出了一个建议，即研制一种不用人驾驶、用无线电操控的小型飞机，使它能够飞到敌方某一目标区上空，将事先装在小飞机上的炸弹投下去。这种大胆的设想立即得到了当时担任英国军事航空学会理事长的戴·亨德森爵士的赏识，他便指定以A.M.洛教授为首组成研制小组进行研制。

这个研制计划被命名为"AT计划"。最初的研制是在一个名叫布鲁克兰兹的地方进行的。经过多次试验，研制小组首先研制出一台无线电遥控装置，设计师杰弗里·德哈维兰设计出一架小型上单翼机，然后由研制小组把无线电装置安装到这架小飞机上，但并没有安装炸弹。

1917年3月，第一次世界大战后期，世界上第一架无人机在英国皇家飞行训练学校进行了它的第一次飞行试验。但飞机刚起飞不久，发动机便突然熄了火，飞机因失速而坠毁。过了不久，研制小组又制成第二架无人机并进行了试验，这一次，飞机在无线电的操纵下平稳地飞行了一段时间，但就在大家兴高采烈地要庆祝试验成功的时候，这架小飞机的发动机又突然熄了火，这次试验还是失败了。

接连两次试验的失败，使研制小组感到十分沮丧，"AT计划"也就此画上了句号。但是，A.M.洛教授并没有灰心，没有放弃对无人机的研制，10年以后，他终于取得了成功。1927年，由A.M.洛教授参与研制的"喉"式单翼无人机在英国海军"堡垒"号军舰上试飞成功。该无人机载有重113千克的炸药，以每小时322千米的速度飞行了480千米。它的问世，在当时引起了极大的轰动。

● 最早的"无人机"——遥控船

微型船上装有陀螺仪，能在小范围内受操作台遥控行驶，整体与现在的遥控玩具非常相似

最早的无人机是怎样的

几乎与此同时，英国皇家空军也研制出了几种不同用途的无人机，其中包括用陀螺仪控制的空中靶机，用无线电控制、可投放鱼雷的无人机，甚至还开始研制无人驾驶的攻击机。经过反复试验，英国皇家空军最后制造了一种用陀螺仪控制的无人机，这种无人机既可以当靶机，也可以携带炸弹。后来，他们继续对这种无人机进行技术改进，采用了预编程序的无线电遥控装置，并装上了大功率发动机，使这种无人机的速度增大到每小时 310 千米。

在无人机技术最初的发展过程之中，除了英国拥有无人机的新研制技术，其他国家在这一方面也有着不错的成果。如在 1918 年，法国成功遥控老式轰炸机"瓦赞八代"在封闭路线内飞行 100 千米；1918 年，美国发射了首枚"飞行炸弹"——"凯特灵虫"小型双翼飞机，这种飞机被看成导弹的"简易"始祖，但其飞行距离已有 120 千米，可承载 85 千克炸药。

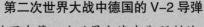

第二次世界大战中德国的 V-2 导弹

V-2 是德国在第二次世界大战末期研制的一款短程弹道导弹。早期，无人机和导弹在技术特点上并没有多少区别，尤其是像"凯特灵虫"这样的"飞行炸弹"与 V-2 导弹比起来似乎功能相似。但是，它们的不同之处在于 V-2 使用的是液态火箭发动机，而"凯特灵虫"使用的是和飞机一样的燃油发动机。随着无人机和导弹各自的发展，两者的重合之处更少，因此，也就不存在 V-2 导弹算不算无人机这样的问题了。

明仔科普时间

● "瓦赞八代"无人机

现存最古老的特别设计的轰炸机，它曾被编入法国的夜间轰炸中队

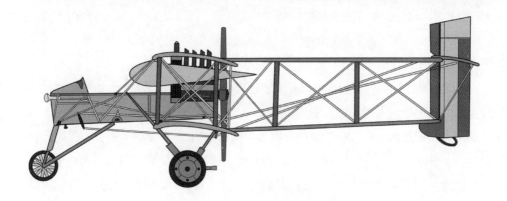

● "凯特灵虫"

翼长 4 米，属小型双翼机，飞行距离为 120 千米，可承载 85 千克炸药

无人机的分类

按照用途的不同，无人机可以分为军用无人机和民用无人机，目前超过70%的无人机是军用无人机。军用无人机中包括侦察无人机、诱饵无人机、电子对抗无人机、通信中继无人机、无人战斗机及靶机等；民用无人机包括巡查／监视无人机、农用无人机、气象无人机、勘探无人机及测绘无人机等。

按照飞行半径的不同，无人机可分为超近程无人机、近程无人机、短程无人机、中程无人机和远程无人机。超近程无人机飞行半径只有不到15千米；而近程无人机稍微远一点，能达到15～50千米；短程无人机可达到50～200千米；中程无人机就更远了，飞行半径在200～800千米；远程无人机的飞行半径可以超过800千米。

按照质量的不同，无人机又可分为微型无人机、轻型无人机、小型无人机以及大型无人机。微型无人机是指空机质量不超过7千克的无人机；轻型无人空机质量大于7千克，但不超过116千克，且全马力平飞中，校正空速小于100千米／时，升限小于3千米；小型无人机是指空机质量不超过5700千克的无人机（微型和轻型无人机除外）；大型无人机是指空机质量大于5700千克的无人机。

无人机种类繁多、用途广、特点鲜明，它们在尺寸、质量、航程、航时、飞行高度、飞行速度和任务等多方面都有较大差异。因此，不同的考量便有不同的分类方法。按照无人机现在的发展趋势，势必今后会有更多分类的角度和标准。

● **无人机分类标准**

用途不同

军用无人机　　　　　　　民用无人机

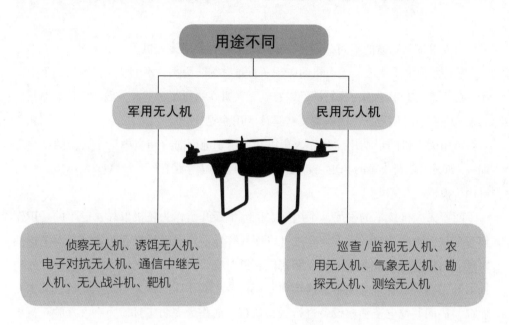

侦察无人机、诱饵无人机、电子对抗无人机、通信中继无人机、无人战斗机、靶机

巡查/监视无人机、农用无人机、气象无人机、勘探无人机、测绘无人机

飞行半径不同　　　　　　质量不同

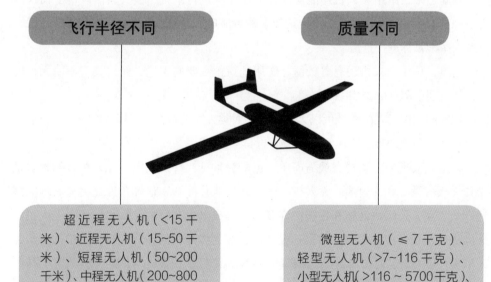

超近程无人机（<15千米）、近程无人机（15~50千米）、短程无人机（50~200千米）、中程无人机（200~800千米）、远程无人机（>800千米）

微型无人机（≤7千克）、轻型无人机（>7~116千克）、小型无人机（>116~5700千克）、大型无人机（>5700千克）

无人机的主要用途

无人机按照用途的不同，可分为军用无人机和民用无人机。

从传统意义上来看，无人机的应用一直是以国防为主，不论是在真实的战争中，还是在好莱坞电影里面，我们都可以看到无人机在执行军事任务方面的作用。那么，无人机在军事运用上，到底有着哪些具体的用途呢？

军用无人机的最初用途是作为靶机，可用于地面防空和空中格斗武器的试验与训练。如美国瑞安公司的BQM-34靶机飞行速度为马赫数1.5，飞行高度达18300万米，可用于模拟敌方战斗机。

随着无人机技术的发展，军用无人机除了最开始作为靶机以外，更多的是用作侦察监视、骗敌诱饵。无人侦察机可以深入阵地前沿和敌后数百千米，甚至更远的距离。它依靠装在机上的可见光照相机、摄影机，标准或微光电视摄像机、红外扫描器和雷达等设备，完成各种侦察和监视任务。而作为诱饵之用的无人机，其主要使命是协同其他电子侦察设备进行诱骗侦察；或作为突防工具，为有人驾驶飞机提供防空压制支持；或与反辐射武器配合使用，压制和摧毁敌军防空系统。

除此之外，军用无人机还能对敌方通信系统进行干扰，使其通信设备受损；作为一种空中运载工具，无人机也能携带多种对地攻击武器，飞往前线或深入敌占区，对地面军事目标进行打击。

当然，军用无人机还有着校射、实用载荷等重要的用途。而这些用途使无人机在作战过程中起到的作用举足轻重。

现在的民用无人机领域可以大致分为五大类，即消费类（摄影或娱乐）、农业、监控安防、测绘勘察、物流。

在这五大类中，消费类最为简单，也最为常见，特别是借助无人机航拍，更是受到无人机爱好者的追捧。无人机所拍出来的照片能够以最佳角度完美地展现大型地产、工地、公园等设施和建筑。许多影视剧或电视节目的拍摄也用到了无人机。无人机搭载着高清摄像机，根据拍摄要求，在无线遥控的操作下进行空中拍摄。无人机实现了高清实时传输，且灵活机动，极大地降低了拍摄成本，受到导演们的青睐。

在农业方面，无人机也越来越受到重视，它在农业方面的灵活性应用也更加明显，其主要的用途有两个，一是帮助人们判断一片土地的作物生长情况，二是用来喷洒药物。使用无人机对农作物的生长情况进行评估和测算，以此来降低农作物生长的

● 军用用途和民用用途

	军用	
靶机、侦察监视、骗敌诱饵		通信干扰、校射、通信

	民用	
消费类（摄影或娱乐）、农业		监控安防、测绘勘察、物流

● 使用无人机对敌方目标进行侦察

无人机的主要用途

风险情况，也可以利用无人机对农作物进行施肥和喷洒农药，这样不仅能节约药物，还能提高农作物的产出率，增加产量。

民用无人机在监控方面不如军用广泛，因为民用无人机在执行监控任务上有着很大的局限性。无人机在监控方面的潜力巨大，但现在仍然处于试验阶段。

在建筑工程方面，使用无人机作业，降低了人员工作的风险；在降低成本的同时，也确保了任务更好、更快地完成。不仅如此，无人机在运输方面展现出它更多的优势，如在执行紧急救援任务时，无人机可在投放补给物资、药物等方面发挥巨大作用。

无人机航拍难度大吗

在无人机问世之前，尤其是消费类无人机被大面积推广之前，航拍几乎只有一些专业的摄影师通过乘载飞机才能进行，难度不可谓不大。但消费类无人机出现以后，以其低廉的价格迅速风靡，它允许搭载像素很高的照相机和摄影机，即便是普通的摄影爱好者也能迅速上手，完成航拍体验。

● 无人机航拍

所谓航拍，就是摄影师从空中进行拍摄，以往都是借助有人驾驶飞机完成，但现在这一任务大多都交给了无人机

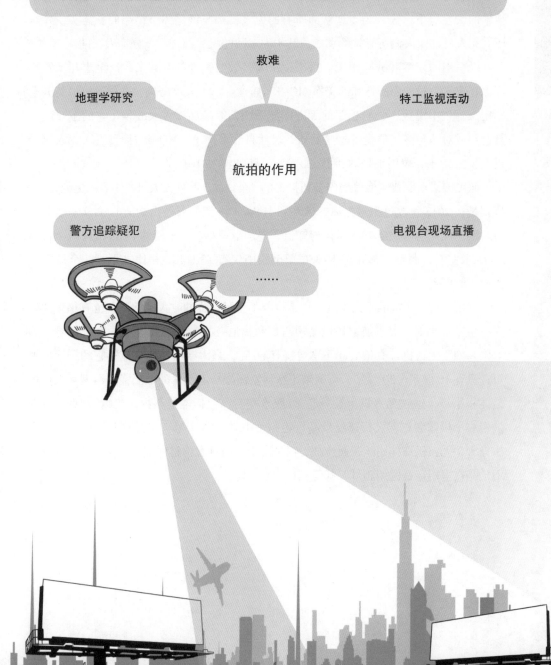

救难

地理学研究

特工监视活动

航拍的作用

警方追踪疑犯

电视台现场直播

……

无人机的外形尺寸

　　人们对于无人机的印象，更多地是会觉得其小巧可人，甚至在如今无人机航拍技术的大发展下，先入为主地认为所有的无人机都应该是体型很小的。其实，并非所有无人机都像人们所想象的那样，其中大多数的尺寸都是"十分惊人"的。

　　以军用的侦察和战斗用无人机来说，大多数的长度都有数米，甚至十几米，高度也有数米。像人们所熟知的美军 MQ-1 "捕食者"无人攻击机，这种飞机被美国空军定义为"中海拔、长时程"的无人作战系统，曾参加过多次战争。它的主要武器是对空或对地导弹，要携带这些武器，尺寸自然小不了。MQ-1 "捕食者"无人攻击机全长 8.22 米，翼展更是达到了 14.8 米，高度也有 2.1 米。

　　而美国诺斯罗普－格鲁曼门公司推出的"全球鹰"系列无人机，外形就更庞大了，特别是在 2013 年改进型号之后，该系列中 Block40 型的翼展由之前的 39.9 米增加至 47.6 米，机身也增长至 14.5 米。要知道，美国空军不久前采用的 F-35 战斗机全长不过 15 米左右，服务于海军的 F-35C 型全长则仅有 13.1 米。相比之下，"全球鹰"体积还要更大一些。

　　可是，在无人机的"大家庭"中，也并不全是这样的"大家伙"，也有很多"迷你"型号。比如，美国航空环境公司与加利福尼亚大学和加州理工学院合作研制的"黑寡妇"无人机，其最大起飞重量仅有 60 克，最大载荷量为 7 克；它的翼展也很短，只有 15 厘米。2013 年，英国陆军在阿富汗战场上部署的"黑锋"微型无人机更是体积小巧，这款无人机全长只有 10 厘米左右，包括电池在内，仅重 16 克，可以携带多个摄像装置，飞行速度最高可达到每小时 17.6 千米。虽然这些微型无人机无法像大型无人机那样用于正面作战，但是由于它们具有价格低廉、操作灵活等优点，不论是在军用还是民用领域，都受到广泛的青睐。

● MQ-1"捕食者"无人机

全长：8.22 米
高度：2.1 米
翼展：14.8 米

● RQ-4"全球鹰"无人机

全长：13.5 米
高度：4.6 米
翼展：35.4 米

● "黑锋"微型无人机

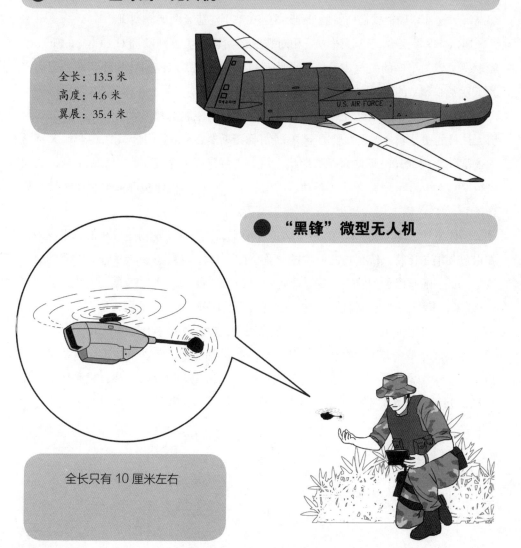

全长只有 10 厘米左右

"UCAV" 是什么

"UCAV"，即无人战斗航空载具，英文全称为"Unmanned Combat Air Vehicle"，也常被称为无人作战飞机，俗称"战斗蜂"，是一种无需飞行员驾驶并配有武器装备的无人机。

最早的作战无人机概念是由美国无线电设备发明家、有着"广播之父"之称的李·德·弗雷斯特博士，在 1940 年出版的《大众机械》杂志中提出。现代军用无人机的概念是美国核物理学家小约翰·斯图亚特·福斯特于 1971 年提出的，美国国防部高级研究计划局根据福斯特的计划，在 1971 年建造了两架原型机。

UCAV 发展至今，已经进入了相对普及的阶段。美国和欧洲对 UCAV 的研发已经取得了较为丰厚的技术成果，而那些有着长期实战需求的国家和地区，也相继成为了发展 UCAV 的"后起之秀"，如以色列、印度、南非等。

到目前为止，美国已经开展了一系列的无人战斗航空载具研发计划，其中最为引人注目的便是联合无人驾驶的空中系统，像诺斯罗普－格鲁门公司的 X–47A。X–47A 无人战斗航空载具，机首为箭头形状，最大飞行速度可达到每小时 240 千米，最大飞行高度为 920 米，完全是在自动驾驶的状态下飞行，且能精确依据路径执行作战任务。

除此之外，其他国家和地区在无人战斗航空载具方面也取得了卓越的技术成果，如以色列埃尔比特系统公司所研发的"竞技神"450，它能够携带多种大型武器完成攻击任务。还有以色列航空工业公司研发的 Eitan，即"苍鹭"TP 型无人机，它翼展达 26 米，是以色列空军目前最大的无人机，配有涡轮喷气发动机，可在 12000 万米高空飞行，可连续飞行大约 20 小时，最高飞行速度达到每小时 234 千米。

在实际作战中，大部分国家的战斗机飞行员都受到战争法的约束，这些法规约束了战争中国家战斗机飞行员的行动。但是，因为无人战斗航空载具只是按照程序行动，并不是由人类直接操控，所以，没有任何现有法律可向其所进行的攻击追讨责任。

● UCAV 主要特点

| 风险低 | 作战灵活 | 成本低廉 | 隐身性好 |

● "竞技神" 450

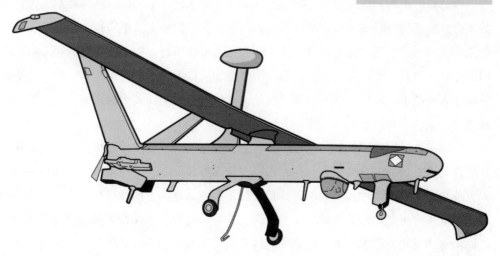

"竞技神" 450 的参数

翼展：5 米
起飞重量：115 千克
有效载荷：25 千克
留空时间：15 小时
实用升限：约 4500 米
作战半径：100 千米

"竞技神" 450 的优势

1. 自动定点发射和回收
2. 灵活的定点回收系统
3. 灵活配置地面控制站，包括前线控制站
4. 机动性强，轻型卡车运载和发射
5. 领先的续航能力和有效载荷能力
6. 光电 / 红外线 / 激光导引系统
7. 合成孔径雷达，地面移动目标指示雷达
8. 广域监控和测绘系统
9. 电子情报、通信干扰

如何操控无人机

我们知道，无人机是一种无须搭载飞行员的航空载具，它是靠遥控或自动驾驶仪来进行操作飞行。如今，科技日益发达，在无人机的操作上也不断更新变化，过去的航模技术逐渐被取代，产生了各种新式的遥控形式。

视觉直接遥控是最传统的遥控方式。操控人员要观察无人机在各条轴线上的高度、离地面的距离、遇到的阻力等，然后通过移动遥控器上的操纵杆，控制无人机的飞行。虽然用肉眼观察后直接遥控较为容易操作，但是无人机操控人员还是需要在无人机飞行的过程中保持高度警惕，因为无人机在飞行过程中，会遇到很多阻碍因素，有的时候，操控人员哪怕只是一个微小的动作或者一瞬间的走神，都有可能导致无人机坠落。所以，用手动模式遥控无人机时，不能让无人机离开操控人员的视野。

另外一种操控方式就是通过视频传输，实境驾驶。实境驾驶要比在地面上直接依靠视觉进行遥控的难度更大，在无人机进行飞行作业时，上面携带着摄像机拍摄天空或地面，由于操控人员无法看到地平线，很容易迷失方向。操控人员不知身在何方，就很有可能导致无人机的飞行失误。在操作过程中，操控人员必须习惯面对不断颠簸和晃动的图像。无人机载乘的摄像机并没有一个整体的视野，广角的视角会使图像变形，通过二维图像很难对远近距离、高低起伏进行准确的估算。

如果无人机飞行的距离超过数百米，无法再通过肉眼直接观察的方法准确估算它所在的位置，就必须在电脑屏幕上使用地图导航程序，这便是用电脑鼠标来控制无人机飞行的一种遥控方式。因为这种"不依靠视觉"的飞行方式对空中交通秩序和地面居民的安全都会造成一些影响，所以用这种方式操控无人机，需要受到民用航空法律的严格管制。

总之，不管在遥控操作无人机时用的是哪一种遥控方式，从本质意义上讲，其实还是跟载人飞机一样，都需要借助人的意愿来支配操控，只不过是把操控人员移出了机舱，从另一个角度来操控飞机而已。

● **不同距离，采用不同的遥控方式**

近距离————可见————视觉遥控

远距离————不可见————视频无线遥控

视觉遥控

视觉遥控方式主要应用在一些低端无人机上，包括现在大多数民用无人机，都采用了这种遥控方式

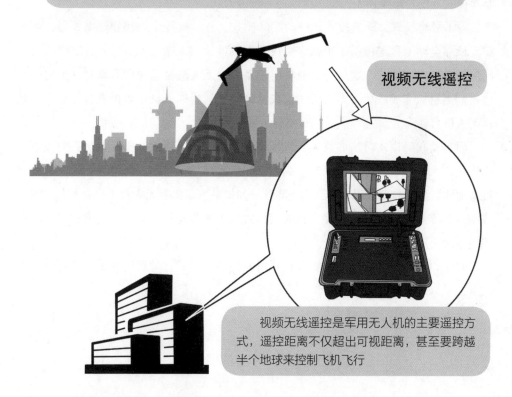

视频无线遥控

视频无线遥控是军用无人机的主要遥控方式，遥控距离不仅超出可视距离，甚至要跨越半个地球来控制飞机飞行

无人机的主要飞行模式

操控无人机时，在纯手动遥控和完全自动驾驶之间，有着多种过渡模式。如此一来，操控人员可以在地面上先手动选择，升空后再按照预设切换到其他模式。那么，无人机主要都有哪几种飞行模式呢？

当操控人员对无人机下达完控制命令后，双手离开遥控手柄，这时，遥控状态就会被切换到自动驾驶状态，以此来保持其稳定飞行。在飞行过程中，面对不同情况，它会自动做出相应的调整，保证飞机正常飞行。而这样的飞行模式，就是平稳模式，也可以称之为辅助模式。

无人机借助全球卫星定位系统可以保持原地不动，即便是在风中也能保持悬停，如果无人机是处于这样的状态，那就说明它已经进入了悬停飞行模式。旋翼无人机处于悬停模式时，只是保持不动的状态；而固定机翼无人机则是保持高度不变，围绕着它当时所处的位置盘旋。这种飞行模式可用于躲避危险，或是让操控人员得到短时间休息，所以，这种飞行模式也称为等待模式。它切换时的操作也很简单，只要操控人员松开操控，无人机就可以进入悬停模式。

除了平稳模式，返航模式、自动起降模式、自动航行模式和悬停模式等，都是需要依靠全球卫星定位系统来操作。在无人机过分远离操控人员时，返航模式就是此刻最佳的对应模式，通过全球卫星定位系统，无人机会返回到启动时存录的坐标位置，当返航完成以后，无人机切换成悬停模式，操作人员可以再进行控制，或是让无人机自动降落。

而自动起降模式对于旋翼无人机来说，操作就十分简单，操控人员只要按下一个按钮，无人机就可以上升至某个高度，然后保持悬停状态；降落时，无人机的速度会变慢，然后自动关闭引擎，完成降落。如果是固定机翼无人机，在自动起飞时，操控人员需要先观察环境，确定风向后再进行下一步操作，下降时需要逆风呈环形路线下降。

除了以上这些飞行模式，无人机还有其他飞行模式，如跟随模式、花样飞行模式等。

● 常用飞行模式

进入自动驾驶模式时，即使操控人员的双手离开遥控器，无人机也能按照程序主动飞行

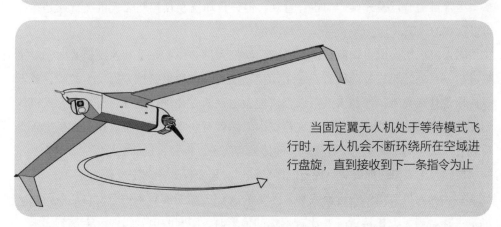

当固定翼无人机处于等待模式飞行时，无人机会不断环绕所在空域进行盘旋，直到接收到下一条指令为止

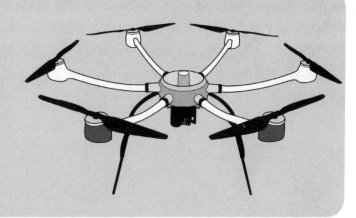

旋翼无人机操作方法相对简单，无论是起飞还是降落，都只需按下一个按钮，无人机就会缓慢加速或减速，完成起飞、降落动作

自动航行模式比较危险吗

自动航行模式无疑是最能体现无人机特点的飞行方式。操作人员可以通过这种模式，预先为无人机进行飞行编程。而预先编程就是让无人机达到一个或多个中继点，而这些中继点也就是地理坐标和高度组合成的位置点。通过预先编程飞行所设定的飞行方案，无人机进行自动飞行，也就是切换为自动航行模式。

除了采用预先编程的飞行方式，无人机自动航行还可以直接使用软件所提供的飞行类型方案，这些用于无人机参数设定的软件会让飞行计划的制订更加简单。如门翼公司的"速地"软件，只需要在软件中画出长方形、标明起飞点和降落点、设定起飞高度、标注风向等，软件就会自动完成其他的工作。

尽管自动航行模式操作简单、直观，但让自动驾驶仪控制无人机飞行还是存在很多潜在的风险。

无人机在切换成自动航行模式之前，操控人员必须要在手动控制模式时，对飞机进行一系列的机械故障检查。在手动控制模式时，如果机械方面发生故障，或者飞机出现什么异常，操控人员可以很快地做出判断，并进行处理。但如果无人机此刻是处于自动航行模式，要快速地检查出故障就有些难度了，所以在无人机进入自动航行模式之前，就要先检查飞机，确保没有问题，再进入自动航行模式。

在确保无人机的舵或旋翼没有问题的同时，还要保证全球定位系统（GPS）的信号通畅。无人机大部分飞行模式都是需要依靠 GPS 才能够顺利进行，自动航行模式也是一样。当无人机接近一些比较特殊的地形时，GPS 的信号强弱就会受到影响。因为无人机正处于自动航行模式，操控人员也一时无法切换成其他飞行模式。在这种情况下，无人机要么会偏离原定的飞行航线，要么就是接收到错的信号，发生意外。

除了机械故障、GPS 信号中断这样的状况之外，无人机在处于自动航行模式时还会受到其他因素的影响，如未能检测到障碍物或是输入数据有问题等，这些故障都可能导致无人机发生意外。

自动航行模式

预先编程

将指令发送给无人机

按照预先设定好的指令飞行

自动航行模式的优缺点

<table>
<tr><td>优点</td><td>缺点</td></tr>
<tr><td>减少操控人员的操作步骤；
提前确定无人机飞行航线；
适合枯燥的巡航飞行</td><td>飞行中出现故障无法应对；
航线数据会出现误差；
可能会碰撞到预设航线上的障碍物</td></tr>
</table>

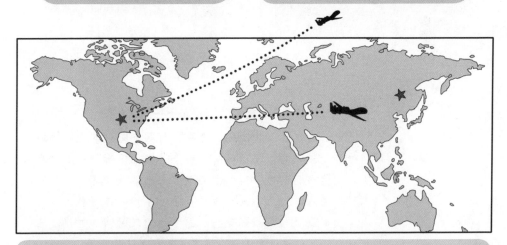

自动航行往往会因为各种意外出现偏差，因此操作者要在飞行过程中对航线进行纠正

军用无人机的续航能力

无人机用途广泛，成本低，效费比好，机动灵活，且不会有人员伤亡的风险，在现代战争中起着极其重要的作用。如在越南战争、海湾战争中，无人机多次被用于执行军事任务。

军用无人机发展至今，已经到了相对普及的阶段，在全世界范围内，以美国、以色列和欧洲国家为研发无人机的先导，并且取得了丰厚的技术成果，一些长期处于战事当中的国家和地区，在军用无人机的应用方面也迅速崛起。各国军用无人机的研制侧重点不同，像美国、以色列等国家的大型军用无人机，十分强调续航能力。

以美国为例，目前，美军投入使用的无人机多达75种，共计1300架，根据航程的不同，分为远程无人机、中程无人机和近程无人机。

"捕食者""全球鹰""暗星"等大型无人机，都属于远程无人机。其中，"捕食者"的最大航程为3700千米，而"全球鹰"最大航程达到了26000千米。

拥有如此高的航程，加上无人机不需要飞行员驾驶，无须考虑飞行员长时间飞行疲劳的问题，这令无人机在续航能力、滞空时间上远胜于传统的有人驾驶飞机。一般情况下，"全球鹰"无人机能够保持600千米的时速，这样算来，它能够持续飞行大约40小时，而一般的有人驾驶飞机连续飞行十几小时已经是极限，更何况经过长时间飞行以后也许还要参加作战。

明仔科普时间

长距离飞行时，飞行员需要一直操作吗

通常，飞行员驾驶飞机要连续飞行数小时，甚至一些国际航线要连续飞行十几小时。在这个过程中飞行员并不需要一直对飞机进行驾驶，飞机上安装有自动驾驶设备。这种自动驾驶与无人机飞行不同，飞行员虽然不用始终操作飞机，但也需要时刻监控飞机的飞行状态，以便及时纠正错误，而且这种自动驾驶仅限于飞机在稳定的高空飞行时使用。

● 无人机航程优势明显

由于无人机上没有驾驶员，因此可省去驾驶舱及相关的操控和安全救生设备，从而减轻了飞机自身的重量，使飞机能够携带更多的燃油。且因飞机是自动飞行，无须考虑飞行员的疲劳问题

● 有人驾驶飞机 VS 无人机

有人驾驶飞机 F-22

空重：19700 千克
载重：9710 千克
最高速度：2410 千米 / 时
航程：3200 千米

VS

无人机 RQ-4

空重：3850 千克
载重：10400 千克
最高速度：650 千米 / 时
航程：25000 千米

无人机系统包括哪些部分

无人机是指一种以无线电遥控或自身程序控制为主的不载人飞机。不过，"无人机"这一概念并不限定在飞机范畴，它还包括了 GPS 和地面操作系统。整个系统逐渐完善的无人机在名称上也发生了相应的变化，从开始的"无人驾驶飞行器"演变成"无人操作系统"，最后又被改成了"飞行器远程驾驶系统"。

无人机种类较多，可大致分为固定翼无人机和旋转翼无人机。而固定翼无人机又分为传统飞机外形无人机和飞翼无人机两种。传统飞机外形无人机组件包括机翼、方向舵和尾翼，它的续航能力比较强，有着流线型机身和多重操作系统；但它的缺点是操作不够简便，整体比较笨重。飞翼无人机则外形简洁、活动灵巧、易操作，但和传统飞机外形无人机比较，它的续航能力就相对弱一些，也没有多重操作系统，且安装组件和实用载荷的空间小。

现在备受欢迎的四旋翼飞行器或六旋翼、八旋翼飞行器，都属于旋转翼无人机。这些多旋翼无人机都有着操作简单、价格低廉等特点，正是因为这样，多旋翼无人机的数量占现有无人机总量的 80% 左右。

无人机除了最传统的遥控方式以外，其他飞行模式都是需要依靠 GPS 来进行操作和控制，这是在无人机系统中较为重要的一个部分，如果没有 GPS，或是出现了其他的故障问题，无人机的飞行就会受到严重影响，如自动航行这样的飞行模式就无法正常进行。

地面操作系统是控制无人机安全飞行的核心，它包括了预先为无人机设定好各种程序和对无人机进行远程支援的通信系统等，通过发送指令来遥控无人机，确保无人机在人的操控之下完成规定动作或者执行任务。

我们平常说的无人机，并不仅仅只是单纯地指无人机本身，而是指确保无人机能够正常运行的整个系统。

无人机系统如何运作

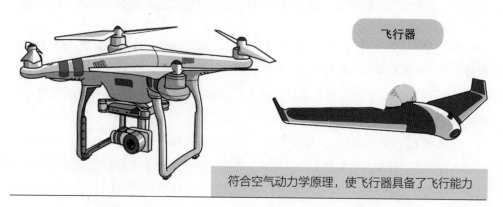

飞行器

符合空气动力学原理，使飞行器具备了飞行能力

全球定位系统

帮助地面操作确定飞行器的飞行方向、位置、速度等要素

地面操作系统

整个无人机系统的指令核心

27

最近流行的四旋翼飞行器属于无人机吗

四旋翼飞行器也称为四旋翼直升机，或是四轴飞行器，是一种有四个螺旋桨且螺旋桨呈十字形交叉的飞行器，它也是无人机的一种。近年来，随着智能手机的发展，带动了电子陀螺仪、GPS、电传飞行控制系统的发展，四旋翼飞行器越发地受到无人机爱好者的关注和喜爱。

四旋翼飞行器飞行稳定，操控灵活，可以在室内和户外使用。和直升机相比，它有许多优点，比如，它的旋翼角度固定、结构简单。四旋翼飞行器还有着体积小、重量轻、携带方便，能轻易进入人不易进入的恶劣环境中等优点，其最常见的用途就是用于执行航拍视频、实时监控、地形勘探等小范围飞行任务。

四旋翼飞行器由机架、飞控板、传感器和电机与电调组成。在四旋翼飞行器中，机架相当于人体的骨骼，机架决定了飞行器的主体结构。飞控板，也就是飞行控制器，它的主要作用就是处理飞行参数，其性能直接决定了四旋翼飞行器的性能。电调的全称为电子调速器，飞控板可以通过调节电调来控制电机转速的快慢。电机是四旋翼飞行器的主要动力来源。一个飞行器如果想要达到一个很稳定的飞行姿态，就必须要有一个或多个传感器，它是四旋翼飞行器感知世界的重要仪器。

四旋翼飞行器采用四个旋翼作为飞行的直接动力源，旋翼对称分布在机体前后左右四个方向，四个旋翼处于同一高度平面，且四个旋翼的结构和半径都相同。四个电机对称地安装在飞行器的支架上，支架之间空间安放飞行控制计算机和外部设备。

对于四旋翼飞行器来说，选用恰当的坐标系，就可以简化运动方程的形式，便于分析和求解。描述飞行器的转动和移动，可以使用机体坐标系，如果是要确定飞行器的位置，就必须要用到地面坐标系。

● 四旋翼无人机如何飞行

四旋翼飞行器的四角各有一个旋翼，飞行器的升空是利用旋翼提供的推力

悬停：增加四个电机的输出功率，提高了四个旋翼的转速，随之产生向上的升力，当这个升力超出了四旋翼飞行器自身重力时，四旋翼飞行器便起飞了。在空中悬停，需要四个旋翼同时满足转速带来的升力和地球施加的重力大小相同、方向相反

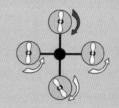

前进：前进需要在悬停的基础上加快后方旋翼的转速，使得升力增大，降低前方旋翼的转速使得升力减小，如此，四旋翼飞行器的身体便会产生倾斜，升力差导致产生向前的力，四旋翼飞行器便可以向前飞行了

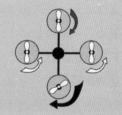

滚转：如果改变左右两个旋翼的转速，四旋翼飞行器就能在空中实现滚转。当增大左边、减小右边电机的转速或者减小左边、增大右边电机的转速时，机体就会倾斜，如此，左右不平衡的升力会使得力矩增大，这样飞行器就可以在空中滚转了

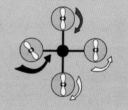

四旋翼飞行器的结构形式

旋翼对称分布在机体的前后，左右四个方向，四个旋翼处于同一高度平面，且四个旋翼的结构和半径都相同，四个电机对称地安装在飞行器的支架上，支架之间安放飞行控制计算机和外部设备

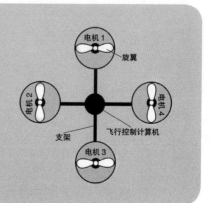

无人机的"黑飞"是什么意思

近几年来，无人机几乎火爆全球，各地都能看到为数不少的无人机爱好者，通过无线遥控器、手机等控制装置操控无人机。伴随着无人机数量的急剧增加，问题也出现了，大多数无人机操控者都处于"黑飞"的状态。

什么是"黑飞"？"黑飞"是指未经相关部门登记的合法飞行。在我国，无论是有人驾驶飞机，还是无人驾驶飞机，未取得中国民用航空局许可的飞行都属于"黑飞"。近年来，已经多次出现无人机"黑飞"导致民航飞机因避让而发生的事故，甚至某些情况下需要出动战机来令无人机迫降。

对无人机来说，要摆脱"黑飞"，需要先取得"特许飞行证"。有了这个"特许飞行证"，无人机才算具有合法身份。"特许飞行证"在性质上属于适航证件。通俗地讲，适航是指无人机适合在空中飞来飞去，不会因突然发生故障直接从空中掉下来，也就是无人机具备在空中安全飞行的能力。一般而言，适航分为两种类型，一是研发制造时的适航，二是运营维护时的适航。无人机首先要面对的是研发制造时的适航，只有通过了研发制造时的适航检查，才能投入市场，进而才有对无人机的运营维护。

载人飞机在研发制造时的适航审查需要取得三个证件。根据《中人民共和国民用航空法》和《中人民共和国民用航空器适航管理条例》的规定，载人飞机在设计时要申请《型号合格证》，生产时要申请《生产许可证》，出厂之前还得申请《单机适航证》。这三个证件必须齐全，一个都不能少。只有三证都拿到手了，才能说明这款载人飞机是安全的，可以升空飞行。

● 什么是"黑飞"

操控什么样的无人机需要考证

根据《民用无人驾驶航空器系统驾驶员管理暂行规定》，重量小于等于 7 千克的微型无人机，飞行范围在目视距离半径 500 米内、相对飞行高度低于 120 米范围内，不需要证照即可飞行。超出该范畴的，如涉及送快递、电力巡线、农业植保等商用领域，则在飞行资质管理范围内

有证　　　　　　　　　　无证

民用无人机流行带来的危害

无人机在民用市场的应用逐渐火爆，被广泛应用于救灾、新闻直播、航拍、测绘、农业植保、物流快递等方面。但是，无人机行业仍处于法律"真空地带"，不仅后续发展缺乏法律保障，而且"黑飞"频频惹事，在给无人机使用者带来方便的同时，也对他们造成了诸多困扰甚至危害。

·无证飞行带来坠机危险

近年来，国内一些无人机制造商不断拉低无人机价格，使曾经价格昂贵的无人机"飞"入了寻常百姓家。据中国航空器拥有者及驾驶员协会的不完全统计，中国的无人机数量在两万架以上，截至2015年12月31日，全国持证的无人机驾驶员仅2142人，这意味着，约90%的无人机驾驶员为无证飞行。这些无证的无人机驾驶员大多缺乏经验，不能熟练掌握操作要领。另外，有些无人机质量不过关，飞行中坠机事故时有发生。在游乐场、公园等公共场所，时常能看到无人机高速飞行，一旦坠落至人员密集区域，便可能造成严重的人身伤害。

·阻碍航班正常起飞

无人机对的航班构成的威胁主要体现在对客机机身的撞击威胁，近期，关于无人机干扰机场正常运作的消息越来越多。2016年5月28日晚，成都双流国际机场发生无人机阻碍航班正常起降事件，致使成都双流国际机场东跑道停航关闭1小时20分钟，导致55个航班不能正常起降。2016年6月11日，波兰华沙一机场发生无人机干扰民航客机降落事件，造成机场停止航班降落半小时。而就在同一天，阿联酋迪拜国际机场也因无人机活动的干扰，被迫关闭空域，停止飞机起降69分钟。另外，无人机对大型客机的发动机引擎也构成了巨大威胁。美国弗吉尼亚大学的研究人员模拟了无人机被卷入大型客机发动机的场景，试验证明，它所造成的破坏是毁灭性的，可导致飞机发动机失灵。

根据美国公布的一组关于无人机安全问题的检测数据显示，从2013年12月17日至2015年9月12日，无人机与遥控飞机、民航客机之间共发生了327起危险的"亲密接触"事件，其中，民航客机为避开无人机改道而行的事件多达28次。

● 无人机对他人安全造成威胁

无人机坠落在人群中

无人机撞上客机

民用无人机流行带来的危害

·成为不法分子实施犯罪的工具

由于无人机体型轻便，价格越来越被大众所接受，再加上有关部门侦查能力受限，监管制度落后，全球出现过多起利用无人机实施犯罪的案件。例如，随着各国对跨境毒品走私案件打击力度的加大，不法分子开始利用无人机运送毒品。还有罪犯利用无人机运送工具和手机以实施越狱。英国警方曾提出恐怖分子或许会利用无人机在高空对民航客机发起袭击。英国反恐专家表示，恐怖分子可在无人机上安装手枪，在无人机上原本用作安装摄影机的位置会被改装成携带生化武器，从而帮助恐怖分子在人口密集地发起袭击。

·对民众的隐私造成威胁

相对于坠机造成的危害，市民的担忧更多来自于无人机对个人隐私的侵犯。人们的担心并不无道理，价格仅有数千元的无人机就具备了远程遥控飞行和拍照的能力，完全可以用于低空飞行监视。随着传感器越来越强，无人机的监视能力将会越来越强大。此外，无人机还可以录音，通过 Wi-Fi 或其他信号实施监听。航拍和GPS 定位目前已经成为一些中高端无人机的标配，在无人机遥控器屏幕上，地面情况、飞行高度、飞行距离等数据一清二楚。目前，高端无人机已经配备更加灵敏的红外线或无线电感应器等高科技设备，能够轻而易举地透过云层窥探别人的私生活，其精准、清晰程度令人惊叹。

明仔科普时间

消费级无人机也会伤人吗?

虽然消费级无人机本身体型很小，重量很轻，但是这种无人机发生故障从高空坠落的话，一旦直接砸到人，仍然会对人造成很严重的伤害。另一方面，这种无人机具有多个高速运行的旋翼，如果在接近地面的地方撞上行人，旋翼很容易将行人割伤。

● 使用无人机进行非法活动

无人机被用于运输毒品

利用无人机进行
偷拍等不法行为

各国目前对无人机如何管理

在无人机出现井喷式发展的同时，大多数国家的法律法规并没能及时跟上，导致无人机几乎处于法律法规的真空状态。不过，目前许多国家已经意识到了这一状况，并纷纷推出了相关法律法规。

加拿大运输署官员宣布，禁止无人机在阿尔伯达省东北部飞行，也就是麦克默里堡城市服务区域的空域飞行。麦克默里堡是为阿尔伯塔省提供专业服务的非市区，主要发展石油天然气行业。该禁令包括禁止无人机和模型飞机在该空域内约 305 米的高度飞行。这项禁令主要是防止无人机和客机之间发生冲突，避免无人机在飞机起飞和降落阶段与之发生碰撞风险。

日本出台了《无人机管制法》，划定禁飞区。为加强反恐和禁止无人机在重要设施以及禁区上空飞行，日本国会于 2016 年 3 月 17 日通过了《无人机管制法》。《无人机管制法》将首相官邸、皇宫、外国政要下榻地酒店等地上空列为无人机禁飞区域，并且授予警方视情况摧毁可疑无人机的权力。法案规定的重要设施还包括国会议事堂、议员会馆、最高法院、皇宫等。

澳大利亚民航安全局对无人机的操作有着具体的要求，并规定了相应的处罚细则。例如，不做商业用途的无人机，禁止出现在机场 3 海里的范围之内，也不准出现在大城镇和都市地区约 122 米以上的管制空域，同时，离民众的安全飞行距离必须超过 30 米。此外，夜晚飞行也是被禁止的。而至于罚款则视情节的严重性而定。如果违反基本操作，罚款将达到 850 澳元[①]；但如果是疏忽操作的话，将会面临 8000 澳元的罚款。

---

① 1 澳元 =5.19 元。

● 如何管理无人机

1500米

规定飞行高度

击落

处罚

罚单

军用无人机有哪些应用

在战争中使用军用无人机并不是新鲜事，可以追溯到第二次世界大战时期。当时，德国人使用了重 2300 磅①的遥控飞行炸弹，这种飞行炸弹从航空母机上发射，由母机上的一名飞行员控制炸弹的飞行方向。从那时起，军用无人机开始走上了漫长的道路。

最初，无人机主要用于执行侦察、监视和情报搜集任务，或者用作诱饵。2001年 2 月，"捕食者"无人机首次试射"地狱火"导弹，这对无人机的作战使用产生了深远影响。2001 年 9 月 11 日的恐怖袭击，促使人们有了用配备"地狱火"导弹的"捕食者"无人机攻击阿富汗、也门和巴基斯坦恐怖分子的需求。就在作战行动开始的第一年，美军攻击了阿富汗的 115 个目标，中央情报局运用"捕食者"无人机消除已知的"基地"组织恐怖分子。

如今在军事行动中使用的无人直升机，小到微型无人机，大到多用途无人直升机。这些无人机性能优越，种类繁多，可提供监视、侦察和情报搜集等不同的作战功能。无人机的性能好坏取决于其传感器所提供的数据。无人机的飞行高度越高，要求其安装的传感器尺寸越大，分辨率和灵敏度也越高。

随着军用无人机种类的细分，自然而然地产生了作为普通装备使用的无人机和武装无人机这两类。最初，美国和北约部队把具备下列特性的无人机归入武装无人机类别：

作为武器使用，也执行发现、确定和攻击目标的监察任务，用于直接支援军事行动，也用于执行反叛乱行动非军事环境下的监视和攻击任务。

另一方面，美国中央情报局在执行军事任务中使用无人机，这些无人机持续在空中盘旋，选择最佳时机攻击目标。主要的区别在于，美国军方只能在指定的作战区域使用无人机，而美国中央情报局会在民用空域猎杀标记为应消除的"基地"组织或其他恐怖组织成员。

无人机制造商极力宣扬其产品的技术能力和对地面作战支援的潜力。对美军在伊拉克、阿富汗和科索沃战场上的无人机的运用分析表明，美军在战场使用无人机往往帮助其处于绝对优势地位：

·在"沙漠风暴"行动中，美军和联军部队完全占据空中优势地位。

---

① 1 磅 =0.454 千克。

● 美军使用无人机

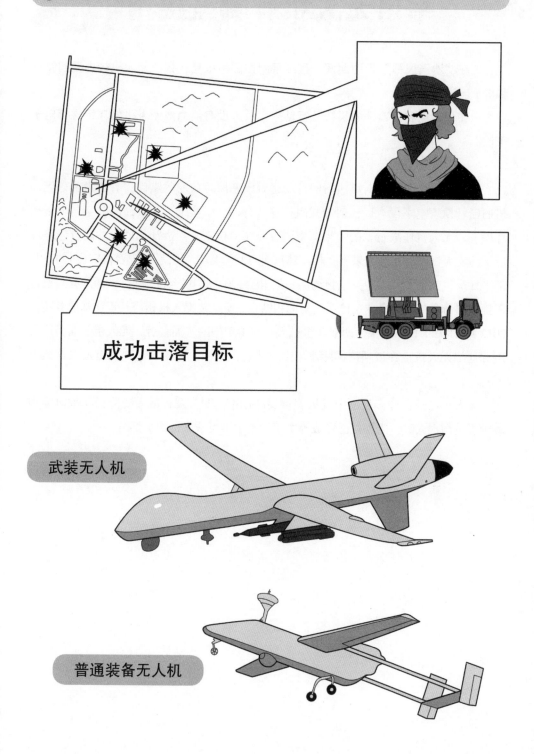

成功击落目标

武装无人机

普通装备无人机

军用无人机有哪些应用

·在"沙漠风暴"行动期间，甚至直到推翻伊拉克政权，无人机极少受到物理和电子威胁。

·在伊拉克和阿富汗的反叛乱行动中，敌人没有能力对无人机的飞行进行电子干扰。

美国中情局在巴基斯坦执行的行动得到巴基斯坦政府的默许，有能力击落无人机的巴基斯坦空军没有以任何方式阻挡这些行动。事实上，在致命的防空与电子战环境下，无人机作战行动的效果，将同曾经在伊拉克和阿富汗无危险的敌方防空环境下的无人机作战行动效果不一样。2011年12月4日，伊朗网络战部队在伊朗东北部卡什马尔劫持了美国中央情报局的一架RQ-170"哨兵"无人机，该部队称其通过干扰控制命令与欺骗全球定位系统坐标相结合，使这架无人机相信其正在基地着陆。2012年11月1日，两架伊朗战斗机拦截并射击美国的"捕食者"无人机，而美国人声称这架无人机正在波斯湾国际水域上空飞行。然而，此次攻击并没有击毁这架无人机。

无人机已经在许多战事中发挥着重要的作用。非常规作战需要降低作战风险和减少人员伤亡人数，无人机已经成为军事行动中不可或缺的组成部分。

● 美军无人机的优势

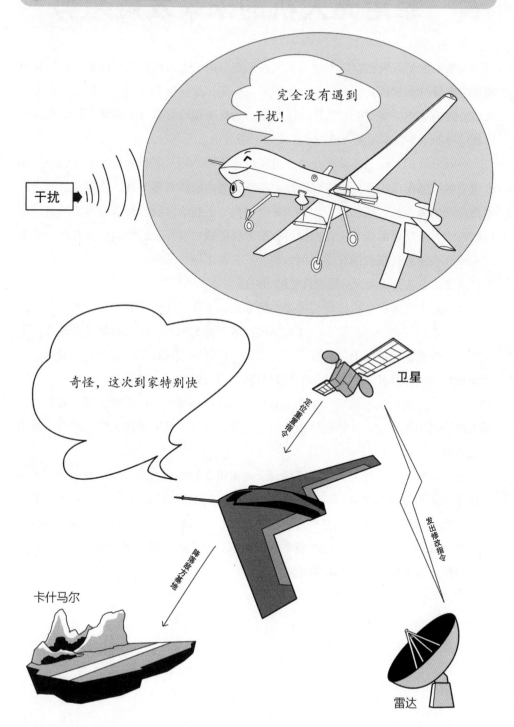

军用无人机的未来发展趋势

虽然军用无人机已经投入使用多年，但是，由于无人机自身存在缺陷，让其单独承担突破空中封锁、空中格斗、保障制空权等作战任务会有风险。随着军用无人机的发展，这类主要交由有人作战飞机执行的任务很可能会逐步由无人机承担。要达到这样的水平，军用无人机技术还需要不断进化。

现阶段的无人机大多没有什么自卫能力，所以必须不断强化其隐身性能，从而确保它在战场得以生存。随着现代地面防空火力的威胁日益增强，许多先进隐身技术被应用到无人机的研制上，如采用复合材料、雷达吸波材料和低噪声发动机；应用限制红外光反射的技术，在机身表面涂上能够吸收红外光的特制油漆并在发动机燃料中注入防红外辐射的化学制剂。另外，在不影响作战效能的情形下，向微型化方向发展，也是提高无人机隐身性能的方法。

目前无人机大多采用操作人员遥控的方式，不仅对操作人员的无人机控制技能要求较高，还存在操作人员无法准确掌握战场态势的问题。无人机智能化就是"无人机自己作出决定的能力"，这不仅要求无人机能够按照指令或者预先编制的程序来完成预定的作战任务，对已知的威胁目标做出及时和自主的反应，还能对随时出现的突发事件做出及时的反应。未来战场，或将出现以无人战斗机、无人轰炸机、无人电子战飞机和无人预警机等构成的无人作战体系，从而颠覆人们对现有空战模式的认识。

随着无人机在战场上的广泛应用，反无人机等拦截系统也应运而生，各国正加强抗击无人机方面的研究。目前出现的高空长航时无人机以其较强的生存力和高效的侦察能力得到广泛关注，各军事强国注重加长无人机的航时，加强其进行持续作战任务的能力。但这类无人机在机动性方面不如有人战斗机，因此提高无人机的速度是降低无人机被拦截概率的主要途径之一。

未来无人机

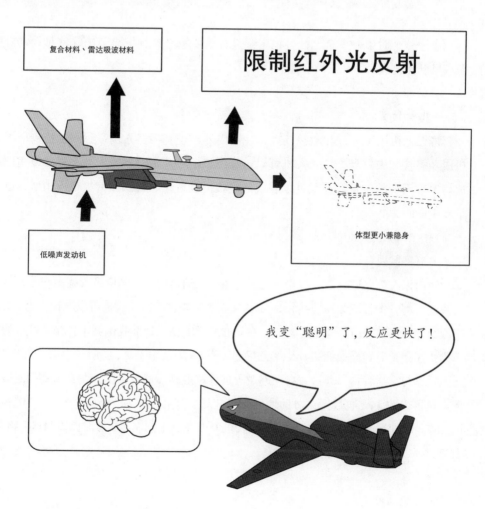

复合材料、雷达吸波材料

限制红外光反射

低噪声发动机

体型更小兼隐身

我变"聪明"了，反应更快了！

想抓我没那么容易！比比谁更快，哈哈！

无人机在警用领域的应用

作为一个对生命安全、社会稳定都具有重要意义的领域，警用领域对无人机的需求早已浮出水面，并发展迅速。

·搜寻救援

将无人机用于搜寻和救援任务，在国内外已经有很多先例，我国也曾借助无人机成功寻找到失踪老人。无人机可以追踪到热信号，帮助救援人员在森林或雪地迅速确定被困者的位置，甚至可以装载一些救援设备，如将水和干粮带入山区，成为解救生命的关键。

·巡逻监视

使用无人机巡逻的范围包含了边界巡逻、交通巡逻、景区巡视等诸多细分领域。以我国为例，由于我国边境线长，且多数自然条件恶劣，无人机可以取代人力，对国与国交界的丛林等进行监视、警戒。在交通巡逻方面，目前我国城市扩张速度很快，车辆快速增长导致交通拥堵，人力巡逻耗时又费力，效率不高，有时还会有人员伤亡；无人机参与交通管理，通过"自动巡逻"远程掌握路段通行情况，尤其是高峰时段，无人机可以收集交通数据，协助地面交警疏导、优化路段交通情况。在景区巡视方面，游客爆满是许多景区的通病，而无人机可以在一个制高点，实时监测景区、路况、人流数据，保障游客畅游。

·反恐侦察

在反恐侦察中，无人机技术的发展为警方反恐提供了另一种可能，即无人机可以迅速飞至暴恐区域，对目标情况进行360度全方位、立体化监控，将犯罪分子人数、规模等情况传回指挥中心，为反恐部署提供数据参考。同时，无人机可以进行不间断的画面拍摄，并将犯罪分子的活动实时传回指挥中心，配合警方进行精确抓捕。另外，对于恐怖分子或疑犯进行抓捕或者甄别的时候，无人机监测得到的高清晰图像能够为警方提供第一手直观的宝贵资料。

● 无人机帮助警方执行的任务类型

报告，3A 级景区人已经爆满！

拍到疑似恐怖分子头目的影像了！

敌方基地

无人机在警用领域的应用

·防暴搜捕

无人机的防暴搜捕功能为警方的搜捕提供了空中技术解决方案。无人机可以对逃犯的逃跑进行跟踪、监视，也可以搭载红外设备，在夜晚对逃犯进行监控，可对躲藏在丛林里的犯罪嫌疑人进行扫描式飞行搜索，还可以对逃犯的逃跑路线提前预估，并通报警方，加快警方的抓捕速度，提高抓捕准确性。

·突发事件

当遇到突发事件时，无人机可以飞抵事故目标区域上空对目标区域进行全方位、不间断的监控，帮助警方全面掌控事态。无人机拍摄的资料也可以作为对事故责任方进行举证的依据。加装空投装置后，无人机还能完成特殊物品的投送任务，若无人机加装高音喇叭，可用作向地面人员传递政府信息。

明仔科普时间

警用无人机已经实用了吗

警用航空队原本只装备直升机，但随着无人机的发展，陆续出现了固定翼无人机、多旋翼无人机等。由于多旋翼无人机的悬停效果好，体积小，可垂直起降，目前在警用航空已经是必不可少的机型了。特别是技术相对成熟的四旋翼无人机，现已广泛应用在多个部门和领域。

● **无人机帮助警方执行的任务类型**

第二次世界大战中的无人攻击机

美国从 20 世纪 30 年代末开始，加大了对大型无线电控制靶机的研究，并于 1941 年 3 月在新泽西州成立了 VJ-5 靶机中队，用于对海军部队的防空炮手进行训练。后来有人提出了用无人机来攻击敌方战斗机的想法，这就是美国海军的"蛇发女妖"防空导弹项目。同时，美国海军还启动了飞行控制和导航技术的改进计划（包括美国无线电公司的电视摄像头和海军研究实验室的雷达制导系统），使得军方对无人机的控制比无线电指令更精确。1941 年，美国海军还开展了"无人攻击机"计划，这种无人机既可以用于制导导弹来攻击敌方空中目标，也可以作为对敌地面目标进行投弹轰炸时使用。1942 年 3 月，美国海军开始批量采购 TDN-1 型无人攻击机。

由于这型无人攻击机单价较高，美国海军后来提出发展一种结构更简单、成本更低的机型，这就是后来的 TDR-1 型无人机。据统计，美国海军共组建了 18 支 TDR-1 中队，共涉及 162 架 TBF"复仇者"控制机和 1000 架 TDR-1 无人攻击机，不过此后，这支部队的规模有所削减。1944 年 3 月，两支特别空中特遣中队被派往太平洋战场进行实战检验。9 月，TDR-1 无人机作为制导导弹首次用于在布干维尔地区攻击日军地堡和火炮阵地的战斗中。10 月 19 日，该机又首次作为无人战斗飞行器对布干维尔以南巴拉列群岛地区的日军目标发动了攻击。硝烟散尽后，美国人发现没有一架 TDR-1 能顺利返回基地，而且攻击效果也不明显。

回顾第二次世界大战中无人机的使用发现，早期的制导导弹与不同型号的无人靶机及无人战斗飞行器之间的联系是非常密切的。有多个国家还分别研制了由无线电控制的用于攻击高价值目标的遥控轰炸机，如美国的"阿芙罗狄忒"计划，德国的"槲寄生"及意大利的无线电制导无人攻击机。值得一提的是，第二次世界大战期间还首次出现了采用惯性、电视、无线电指令制导技术的精确制导导弹，如纳粹德国的"弗里茨-X"制导炸弹、Hs-293 反舰导弹以及美国海军研制的"蝙蝠"反舰导弹。

第二章
无人机原理

无人机的结构

　　无人机有各种各样的形式，从传统意义上看，可分为传统飞机形式无人机和直升机式无人机。虽然它们在机翼形式和外形上有所不同，但其他的组件却是相差无异。

　　在无人机的机载系统中，最重要的部分就是自动驾驶仪和传感器。自动驾驶仪对于无人机而言，相当于人的神经中枢，它不仅能保证飞机飞行的基本稳定性，还能进行自动巡航。不管是对于固定翼无人机还是多旋翼无人机，自动驾驶仪都会起到举足轻重的作用，因为如果没有自动驾驶仪，无人机就只是一台普通的遥控飞机，毫无特色。

　　在自动驾驶仪中，包括了若干传感器。其中，有些传感器是无人机飞行必备的，如压力传感器、加速度仪、陀螺仪、电子罗盘等。这些传感器对无人机的安全飞行非常重要，它们样式各异，所起到的作用也有所不同。压力传感器控制着无人机的飞行高度，即无人机相对于出发点的高度。同样控制着无人机飞行高度的还有加速度仪，不过，它还有着另外的一个作用，就是对无人机的倾斜度进行实时测量。而陀螺仪和电子罗盘则分别对无人机的旋转角速度和地磁场强度进行测量，并进行自动校准和偏颇的补偿，保证无人机正常的飞行作业。

　　要保证无人机飞行任务圆满完成，联络系统是必不可少的。无人机配备着双向联络系统，即上行联络与下行联络。上行联络就是无线电发出的指令，下行联络则是发回信息和数据的传输。联络系统具体的组件包括无线电接收器、调制解调器及视频发射器。它们分工明确，对往来信息进行发送、接受和处理。

　　除了以上提及的组件和装置以外，无人机还有其他的机动化组件，包括飞行电池、控制器、功率箱、引擎、螺旋桨等。

● 典型的无人机结构

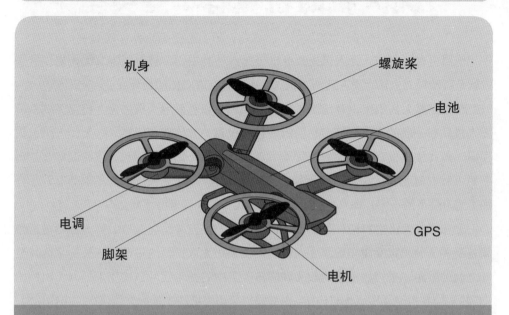

机身　　　　　　　　　　螺旋桨

电池

电调

脚架　　　　　　　　　　　　GPS

电机

民用无人机大多是这种类型，即飞机外形较小，利用旋翼便于在各类地形上起飞和降落

军用无人机的结构往往更倾向于选择类似传统有人飞机的造型，一是能够确保无人机的性能，二是许多源自有人飞机的传感器和装备都能直接移至无人机上使用

无人机的机翼有哪些类型

按照机翼的不同，无人机大致可以分为两种类型，一种是固定翼无人机，另一种就是旋转翼无人机，而在这两类机翼之中，又有着具体的划分。

在固定翼无人机中，有传统飞机外形无人机和飞翼无人机之分。传统飞机外形无人机就和一般的飞机一样，它的组件包括机翼、方向舵和尾翼。这类无人机尾翼很薄，因此往往呈现 T 字形或 V 字形；飞翼无人机外形比较简洁，形状固定，它不需要再有方向舵和尾翼，靠飞翼本身就足够飞行。飞翼无人机的机翼末端通常还会加上垂直扁平的小翼，即翼尖，这是为了防止飞机在转弯时下降。

旋转翼无人机也有两种类型，一种是传统的可变桨距无人机，另一种则是近年来备受关注的固定桨距多旋翼无人机。可变桨距无人机是通过改变主螺旋桨两片桨叶之间的桨距，来控制飞机的起飞和降落，其中的一个桨叶还被用来控制飞机的俯仰和侧摆。在可变桨距无人机当中，尾部螺旋桨用来抵消主螺旋桨所产生的反作用力。而没有配备尾部螺旋桨的对转双螺旋桨无人机则是用了另外的设计，它配备了两个可变桨距旋翼，彼此同轴反向旋转，这样也就抵消了相互之间的作用力。

而近年来受到专业人士和无人机爱好者高度关注的多旋翼无人机，就是属于固定桨距旋翼无人机。多旋翼无人机外形像蜘蛛，它分为四旋翼、六旋翼、八旋翼、同轴多引擎式旋翼、H 形式多旋翼等不同规格。其中最受欢迎的娱乐用途无人机是四旋翼无人机，它有着良好的操作性，能够做出各种动作。如果要利用无人机拍照和摄影的话，六旋翼无人机是备受推崇的，它不会占用太大的空间，实用载荷少于一千克。而八旋翼无人机则用于专业运输，但因其体积巨大，显得有些笨重，不是很讨人喜欢。

除了固定翼和旋转翼两大类型的无人机以外，无人机的机翼还有其他的设计，如柔性机翼、扑翼、可转化式旋翼等。

无人机机翼

固定翼、旋转翼、柔性机翼、扑翼等

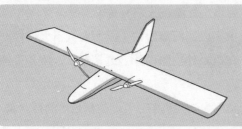

固定翼：传统飞机外形式机翼、飞翼

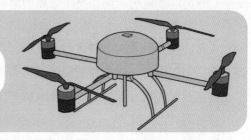

旋转翼：包括传统可变桨距式机翼、固定桨距多旋翼等

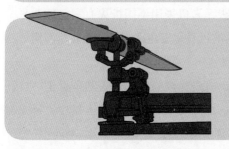

可变桨距式机翼：螺旋桨能够沿着支撑轴移动

柔性机翼无人机：多使用的是伞翼

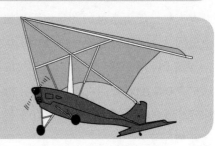

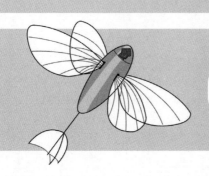

扑翼无人机：机翼类似鸟类或昆虫的翅膀，能够振动飞行

53

无人机的机身是圆筒形吗

无人机是不载人的载具，从它一开始出现，就被人们有意无意地拿来同传统飞机进行比较。传统飞机的机身主体部分大多以圆筒形为主，而无人机不太一样。无人机不需要考虑机身空间载人的问题，在机身外形的设计上更具新意，使其更加符合空气动力学。

无人机种类繁多，外形各不相同，这是因为无人机要尽可能地满足不同行业需求，如延长续航时间、增加实用载荷、提高飞行速度等。而这些需求，又不可能全部集中在一个整体上实现，故而也就形成了如今在无人机领域百花齐放的状态。

首先，各类型无人机在体形上就有着很大的不同，有的是庞然大物，有的又小如飞鸟。一般而言，机身为圆筒形的无人机多处于军用大型的无人机范围内，基本上是固定翼无人机，如美国军用无人机"全球鹰"系列、"幻影眼"无人机以及其他国家的同类无人机。

但并不是所有的无人机都是圆筒形，这跟无人机采用不同机翼有一定的关系。以飞翼无人机为例，因为机翼构造的原因，它的机身呈三角扁平状，而并非圆筒形，如 X–47B 无人战斗机。

而中小型无人机，特别是旋转翼无人机，机身为圆筒形的就更加少见了。旋翼无人机有可变桨距旋翼和固定桨距旋翼之分，而在可变桨距旋翼无人机中，还是有圆筒形机身的无人机，如法国勘测直升机公司研发的"直升机4号"以及"西贝尔"X100型无人机。但更常见的还是扁平形机身的无人机，尤其是在多旋翼无人机当中，如由美国自由飞翔公司生产的"电影明星"6型六旋翼无人机。

除了圆筒形和扁平形，无人机的机身还有其他形状，像德国迷你无人机公司生产的 MD4–1000 型四旋翼无人机，机身就采用了半球形设计。还有些是借助仿生学原理研发的无人机，机身直接仿照鸟类或其他昆虫模样，有利于它低调、隐秘地执行监视任务。

● 各种形状的无人机

不同形状的飞机机身

不同用途的无人机往往会借鉴现有飞机的气动布局

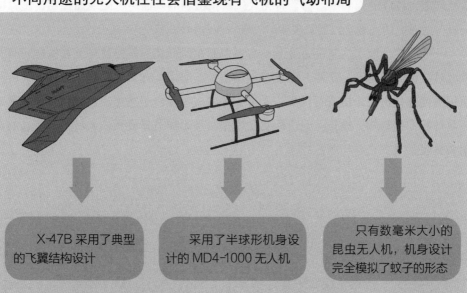

X-47B 采用了典型的飞翼结构设计

采用了半球形机身设计的 MD4-1000 无人机

只有数毫米大小的昆虫无人机，机身设计完全模拟了蚊子的形态

无人机如何与地面联系

我们知道，无人机要执行飞行任务，是需要通过遥控器或是其他控制设备来进行操控的。那么，无人机是如何与地面控制设备联系并完成操作指令的呢？

无人机的机载系统与地面控制设施依靠无线电相互连接。机载系统中有自动导航仪和若干的传感器等设备，其中还配备了联络系统。联络系统呈双向分布，分别为上行联络和下行联络，联络系统是无人机任务得以圆满完成的保障。

联络系统可分为三部分，即无线电接收器、调制解调器以及视频发射器。联络系统存在于无人机的机载系统当中，所以在地面控制设施里，也有着与之相对应的设备，相互连接，将指令和信息进行传输。

操控人员要想通过地面控制设施来操作无人机，就需要用到无线电发射器。也正是因为有了无线电发射器，才能将操控信息发射出去，传输到无人机的无线电接收器上，完成指令的传达。一台发射器与一台接收器搭配控制无人机，无人机的接收器只会听从与其配对的发射器的命令，完全不理睬其他可能造成的干扰命令。

而调制解调器则是用来控制无线网络的发射和接收，在机载系统当中的调制解调器会将无人机的地理位置以及传感器所接收到的数据一一传送给与电脑连接的另外一个调制解调器，机载调制解调器还能接收地面控制设施发出的命令。

同理，机载的视频发射器会将无人机所拍摄到的画面传送回地面控制设施，也会有与之对应的视频接收器对视频信息进行接收和处理。

一般而言，地面控制设施最常见的还是遥控器形式。遥控器与无人机之间有着相互连接的"通道"，这些"通道"也就相当于纽带。有了这些纽带，操作人员便可以更便捷地对无人机进行操控，通过手柄和按钮将命令发送出去。手柄和按钮只是具体操作的形式，操控无人机的实质还是通过无线电完成操作人员指令信息的发射和接收。

无人机的联络系统

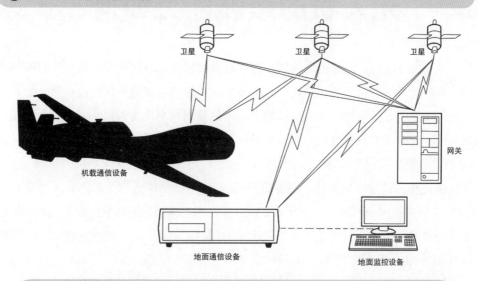

卫星　卫星　卫星

机载通信设备

网关

地面通信设备

地面监控设备

调制解调器，将各种仪器测定的高度、速度等信息通过代码的形式传送给地面控制站

视频发射器

> CAMERA_UAV_DRONE_002

FLIR

>Altitude:
5146m

>Velocity:
110km/h

无人机利用视频发射器发回实时监控画面，帮助地面控制站完成判断和操作

无人机的续航能力如何

　　无人机得以问世的原因之一就是能够有效减轻飞行员的疲劳，执行长时间的飞行任务时无需飞行员驾驶。从这一点来说，无人机续航能力的优劣直接影响着该无人机的性能。这里所说的无人机续航，更多地是指向军用无人机，尤其是大型军用无人机，这类无人机拥有着与有人驾驶作战飞机近似的尺寸，并具备了有人驾驶作战飞机的侦察能力和攻击能力。

　　2001 年，美国诺斯罗普－格鲁门公司的 RQ–4 "全球鹰"无人侦察机创造了 30 小时 24 分持续飞行时间的官方纪录。虽然并不是无人机所能达到的最高飞行时间纪录，但是如果让飞行员驾驶飞机连续飞行相同时间的话，几乎是无法想象的。时隔 14 年后，2015 年 7 月 15 日，国际航空联合会宣布，"猎户座"无人机将这一时间延长了近 50 小时，以 80 小时 2 分 52 秒的续航时间，创造了最长持续飞行时间的新纪录。

　　若让飞行员驾驶飞机进行如此长时间飞行的话，即便不考虑飞行员的生理情况，仅在高空中长时间驾驶飞机所产生的压力就足以让飞行员崩溃。而操作无人机飞行，只要操控人员坐在操作室里，利用几个按钮就能遥控无人机，无人机只要按照设定好的航线自主飞行即可。

　　总体来看，高空长航时无人机在较高生存力和高效的侦察能力方面优势明显。高空长航时无人机将会成为大气层侦察网络的一个重要组成部分，因此，各军事强国注重提高无人机的航时，以期提高其执行持续作战任务的能力。

● **无人机续航能力带来的优势**

2001 年，RQ-4 "全球鹰" 无人侦察机创造了 30 小时 24 分持续飞行时间的官方纪录

2015 年，"猎户座" 无人机以 80 小时 2 分 52 秒的续航时间，创造了最长持续飞行时间的新纪录

如果飞行员驾驶飞机持续飞行数十小时的话，飞行员会长期处于高空高压状态，身体必然承受不了

若是远程操控，操作人员仅需要按下几个按钮就能控制飞机，或者让飞机进入自动驾驶状态就能完成飞行任务

环境对无人机飞行的影响

无人机在飞行时，会受到很多因素的影响，其中飞行时的环境状况是主要影响因素。无人机的飞行环境因素包括了空气中的风力、气流的上升和下降、云和雨等。

无人机对空气流动极为敏感，受其影响很大。以中小型无人机为例，因为体积小、质量轻，所以，即便是很微弱的风也能让它们的飞行受阻。风所产生的阻力会使无人机消耗更多的燃料（电力或燃油），无人机需要更多的动力与之抗衡，以此保持飞行的正常状态。侧面吹来的风会使无人机偏离航向，为了保证能够按照计划的飞行路线前进，无人机往往会进行调整，朝着风吹来的方向偏转，使空气速度保持恒定，同时降低地面速度。一般而言，无人机应该在风速不超过其最高速度一半的时候才可以使用，对于重一千克左右的无人机来说，如果它的飞行速度能达到 30 千米 / 时，那么其飞行时的风速不应超过 15 千米 / 时。

无人机在飞行时不仅要重视可能会碰上的微弱的风，更要加强对阵风和强风的防范措施。在这样的情况下，无人机的飞行任务会受到严重影响，这些影响对于无人机本身来说是非常危险的。所以，无人机在准备起飞之前，操控人员就一定得对当时的环境进行观察和测定，避免在阵风或强风天气进行飞行作业。如果是突发状况，如遇上了强烈阵风，为避免出现意外，操控人员要在第一时间对无人机进行控制，使其下降到风力较弱的高度。

和风力不同，气流上升或下降却是没有明显的规律可循，在飞行至地势、阳光、温度、空气湿度等变化较大的地区，如山区、悬崖等，这种时候，操控人员就要格外地注意气流的变化。有阳光时，在照射作用下会造成空气的流动，但一般来说人们是感受不到的，需要在几十米的空中才有明显的感觉。当云层堆积或天气干燥的时候，也会导致气流上升，无人机即便是有着自动驾驶仪操控，也无法避免机身颠簸，故而操控人员要根据具体情况，进行合理应对。

零散的云片只是会导致气流上升，而比它更为"恐怖"的就是积雨云了。积雨云的来临常常会伴随着强风、暴雨、冰雹等恶劣天气，不论客机还是其他飞机，在飞行时都要避开积雨云，更别说是无人机了。所以，遇到积雨云天气时，最稳妥的办法是等积雨云离开之后无人机再起飞。

下雨天也是不适合无人机飞行的。不仅仅是对于无人机，几乎所有的电子设备都会受到雨水干扰。尽管有些无人机的结构可以起到防水的作用，但下雨天还是会

● 哪些无人机容易受天气影响

· 中型、小型、重量轻、飞行速度慢的无人机易受天气影响
· 大型无人侦察机重量达数吨，机体十分坚固，飞行高度高，不易受天气影响

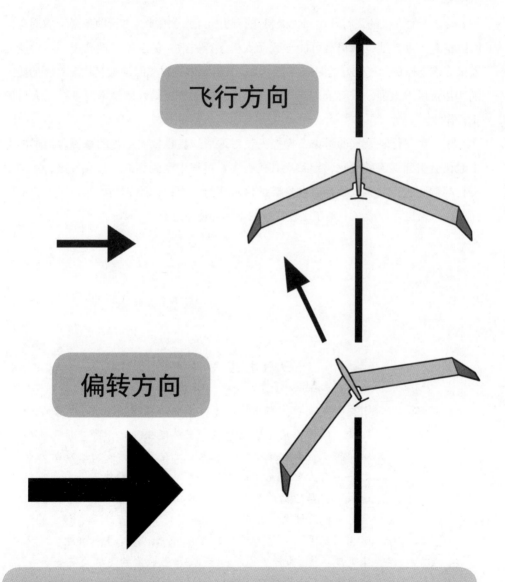

面对侧方吹来的风，无人机在飞行过程中要迎风保持一定的方向偏转，这样才能保证无人机沿着预定方向飞行

环境对无人机飞行的影响

影响无人机的飞行和拍摄工作，而且雨水会打湿镜头，影响无人机航拍的效果，得不偿失。

总之，无人机的飞行环境对无人机飞行的影响十分重要，飞行前务必考虑周全，因为稍有一点差池，就很有可能导致无人机飞行失败，甚至使其遭到损坏。操控无人机应该选择在天气较好的时候进行，操控人员要事先对当时的天气状况有所把握。确认是否风力太强，或有云雨天气，如遇这样的天气，最好还是不要进行无人机的飞行作业。

除了对飞行时天气的考虑，操控人员对地形地貌也要有适当的掌握。地形的上下起伏会引起气流的变化，导致无人机在飞行过程中受到影响，造成颠簸，不利于飞行的顺利进行。无人机适合在空旷的区域飞行。所以，除非是特殊情况下，一般而言，无人机飞行最好不要在比较特殊的地形环境下进行。

天气对飞机飞行的影响有多严重

有资料统计显示，30%飞行事故的发生与天气有关。在众多天气现象中，影响飞机飞行最大的是风切变、低云和低能见度。风切变是指风速和风向突然发生变化，会导致飞机难以操控，甚至出现事故。低云也是危及飞行安全的危险天气之一，它主要影响飞机着陆，如果指挥或操作不当，还可能造成飞机与地面障碍物相撞，造成飞机失速的事故。低能见度对飞机的起飞、着陆有着明显影响。雨、云、雾、沙尘暴、浮尘、烟幕和霾等都能使能见度降低，影响飞行安全。地面能见度不佳，易产生偏航和迷航，降落时影响飞机的安全着陆，处理不当，也会危及飞行安全。

明仔科普时间

● 气流影响无人机

高速气流会影响小型无人机的飞行安全

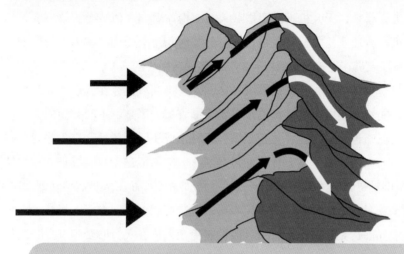

气流在迎风坡上升，在背风坡下降

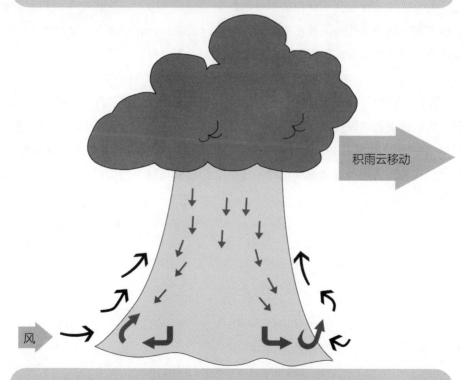

积雨云移动

风

积雨云生成的气流

哪些因素影响无人机作业

和普通飞机比起来，无人机不需要搭载人员，操作看起来似乎要简单一些。其实不然，无人机与普通飞机一样，在执行飞行任务时，也会受到很多因素的影响。正因为如此，操控人员在遥控无人机时，也是不能掉以轻心的。

因为技术革新存在不足，和其他领域一样，无人机领域也存在缺点和局限性。无人机自身的性能水平是影响其飞行的最基本、最直接的因素。不同类型的无人机有其不同的侧重点，也会尽可能在装备上做到完善，但实际上还是会有一些地方有所不足，例如，无人机尽管配备了优秀的传感器，但却不能进行自我维护。这种情况下，传统飞机倒是更具优势，因为传统飞机一旦出现故障，机上人员能够立即发现，并及时做出调整。对于这个问题，需要无人机的制造商想办法，在无人机技术上不断革新，使每个部件达到最佳状态，尽可能地避免无人机在飞行时受到其自身组件上的故障影响。

无人机的飞行也会受到外部因素的影响，如天气因素。除此之外，人文环境也制约着无人机的飞行。一般在进行无人机飞行的时候，要选择在一个较为空旷的区域进行，同时，还要保证不是人口密集区域，否则一旦出现意外，可能会导致人员伤亡。

操控人员的技术水平是另一个影响无人机安全飞行的重要因素。和驾驶传统飞机一样，无人机的操控人员相当于无人机的机长，无人机的每一个动作都是遵照他所发出的指令，如果操控人员在技术上存在不足，那么，无人机肯定会受到很大影响。当然，操控人员的身体状况和情绪不佳也会造成其操控上的失误，进而影响到无人机的正常飞行。

● 无人机飞行会受这些因素影响

无人机自身性能影响飞行

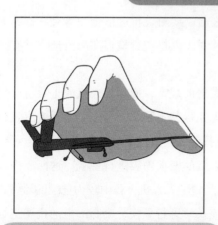

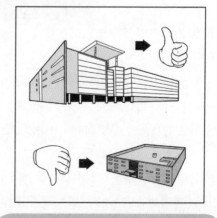

　　无人机的尺寸、类型很多，不同类型的无人机都会由于自身的原因影响其正常飞行

　　大型军用无人机：常常出没于战场，一旦发生故障，立刻会被敌方缴获
　　小型民用无人机：生产厂商水准不一，性能很难保障

天气影响无人机飞行

操作者的因素

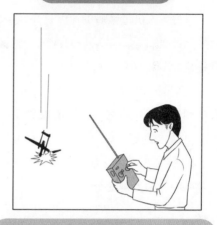

　　狂风、暴雨对小型民用无人机的正常飞行影响较大

　　操作人员对操作不熟悉
　　操作技术不好
　　未能及时判断飞行路线和障碍等

无人机飞行前需要进行检查吗

就像军用战斗机、轰炸机等在执行任务之前需要对飞机进行全面检查一样，为了确保无人机以及操作人员的安全，在飞行前对无人机进行检查和调试是非常有必要的。

军用无人机在使用和回收等方面都有着完善的规范，使用无人机的士兵也会经过专门培训，可以说是这方面的行家。民用无人机就不同了，很多民用无人机仅仅是爱好者的玩具。即便如此，民用无人机在飞行前的检查也是少不了的。

在无人机组装完成后，操作人员要对无人机的四项内容进行检查，这四项内容分别是电池、电路接口、电机、调速器。电池是整个无人机设备中较为危险的器件，要检查电池是否有异样，如发现有异样，应该及时进行更换，废弃的电池也要进行妥善的处理；电路是无人机各个部位重要的连接，有时接口处会有一些发热、发烫的问题，或出现松动的现象，操作人员要对电路接口进行检查，避免出现电线短路的问题，对松动了的接口处进行重新焊接；有关电机和调速器的检查，就要看这两者是否匹配，因为无人机在起飞前，这一部分有问题也不会显露出来，如果在检测之后电机发烫，就要更换一个新的电机。

完成了无人机组装之后的检查，就要开始进行无人机的调试工作。无人机飞行前的调试分为无桨调试和有桨调试两种。

因为无人机带桨后的速度过高，所以在有桨调试之前，一般需要先进行无桨调试。无桨调试也就是不带桨片的调试。尽管这种调试不能排除所有的问题，但还是可以避免绝大多数故障的发生。

无桨调试完成后，还是会有一些隐患没有排除掉，所以在无人机正式起飞之前，有桨调试也是很有必要的。有桨即是安装上了螺旋桨，有桨调试也就相当于我们平常所说的"试飞"。

检查和调试都是为了无人机的飞行安全，这是对无人机的飞行安全和操控人员以及周围人的人身安全的保障。

● 无人机飞行前检查

无人机在起飞前有专门的仪器对其进行安全检查

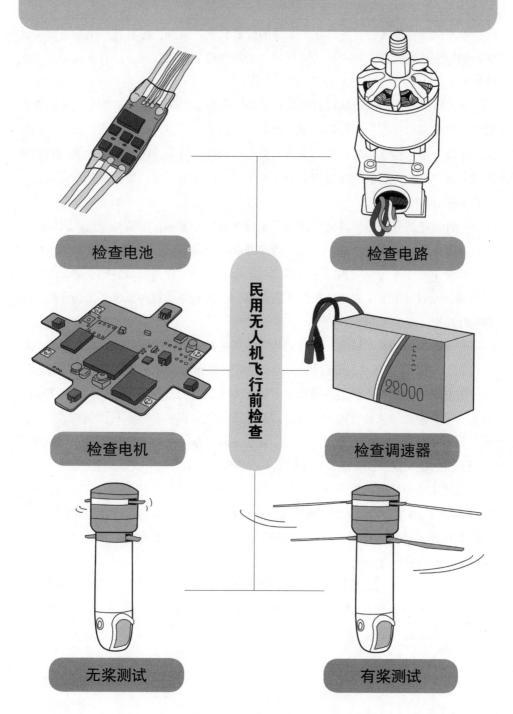

检查电池

检查电路

民用无人机飞行前检查

检查电机

检查调速器

无桨测试

有桨测试

无人机的遥控器

无人机要完成飞行任务，除了本身的设置和条件以外，还有其他更加重要的，那就是地面控制设施，以及接收飞行器、实用载荷数据等设施。没有遥控器，无人机根本就无法完成飞行任务。

无人机的地面控制设施包含在遥控器中，搭配着电脑和调制解调器，共同完成对无人机的飞行操作。遥控器一般有两种，一种为"盒子"型遥控器，另外一种则是"书桌"型遥控器。"盒子"型的遥控器结构相对紧凑，因此操作起来也不是很舒适；而"书桌"型的遥控器则更加专业一些，它配有屏幕，可供操控人员观察，操作起来舒适度也较高。

一台遥控器分为三个部分，首先就是带有弹簧的手柄，手柄是操控人员操控无人机时最直接的控制机关；若干按钮、断路器以及滚轮则是属于遥控器的第二个部分，这个部分主要用于控制飞机的飞行模式和实用载荷；遥控器的最后一个部分就是控制屏幕，控制屏幕显示着无人机的状态信息，通过联络系统与显示器上传感器的信息连接起来。

光有遥控器还是不够的，重要的是需要将遥控器与无人机联系起来，要做到这一点，无人机就需要具备特殊的功能，也就是遥控器和无人机连接起来的一条"通道"。

如果所操控的无人机是四旋翼无人机，那么，它的遥控器手柄与无人机要连接起来，至少需要四条这样的"通道"。要想开启无人机的基本飞行控制模式，或是控制其实用载荷，也需要通过"通道"才能实现连接。一般来说，无人机与遥控器之间的"通道"越多，操控人员操控起来就越舒适，无人机也就越安全。

用遥控来操控无人机的方式虽然直接，但因为有太多的"通道"和按钮，就显得有些复杂，难免会出现失误，所以又出现了配置着声音提示的遥控器。甚至到后来，遥控器已经不是无人机唯一的操控系统，而是通过电脑来控制无人机，使它的飞行变成半自动驾驶状态。

大型军用无人机的遥控设备要比民用无人机复杂得多，需要一整套控制系统，由两名操控人员分别对无人机进行遥控，一人负责飞行，另一人则负责无人机上所有设备的正常运行。

● 不同类型无人机的遥控装置

"盒子"型遥控器结构紧凑，但操作不够舒适

"书桌"型遥控器更加占用空间，操作舒适，带有遥测屏幕和视频屏幕

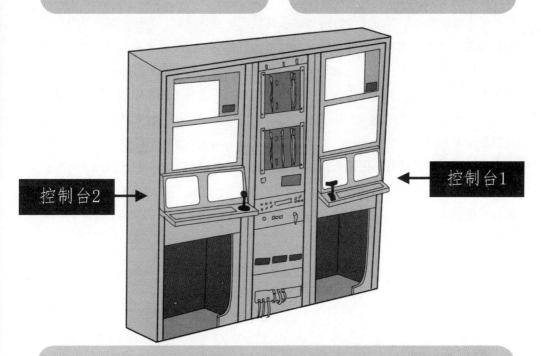

控制台2

控制台1

大型军用无人机的操作非常复杂，需要由两人同时操控，而"遥控器"的位置可以是地球另一端的遥控站

军用无人机的任务规划系统

专业的无人机飞行并不只是让无人机上天飞行即可，它的飞行往往是带着任务的。因此，无人机在起飞之前，要完成任务规划和其他准备。军用无人机有一套完善的任务规划系统，用于安排无人机在飞行过程中执行何种飞行任务以及如何实施这些飞行任务，并且尽可能提高无人机生存概率，使整体作战效能达到最佳。

任务规划是为了完成战术任务而产生的计划，包括对无人机初始位置的选取、任务目标的选择、飞行航线的确定等。军用无人机的这个任务规划系统一般是由威胁评估、任务规划、航线规划、战术辅助等子系统构成，并且在地面控制设备的协调和配合下，实现对无人机的任务规划。通过任务规划系统而得到的具体规划结果，应该包括无人机资源分配、敌方目标分配、任务分配和可供飞行的航路。

综合情报部门收集的情报资料，是任务规划系统中极为重要的一项功能，也是其他工作继续进行的前提条件，帮助确定无人机的预定航线，给无人机执行侦察或攻击任务提供明确指向。

无人机初始位置、终止位置的选取以及目标任务的确定，是任务规划系统最开始就要做的工作。这一步看似简单，却是不容忽视的一部分。只有确定了这些，才能进行任务规划的下一步，也就是无人机的航线规划。航线规划系统是无人机完成飞行任务的核心，也是任务规划系统当中最重要的一部分。航线规划系统根据任务计划、地形数据、威胁情况以及飞机的机动能力计算出三维最佳航线，作为机场航线提供给无人机的飞控系统。

不过，并不是只有军用无人机才会有这样的任务规划系统，对于民用无人机或其他类别的无人机，做好任务规划也是很有必要的，只是与军用无人机的任务规划系统比较起来，普通无人机的任务规划简单。

● **任务规划系统的流程**

情报收集

确定终止位置

根据数据计算航线

计划侦察和打击行动

确定由无人机执行

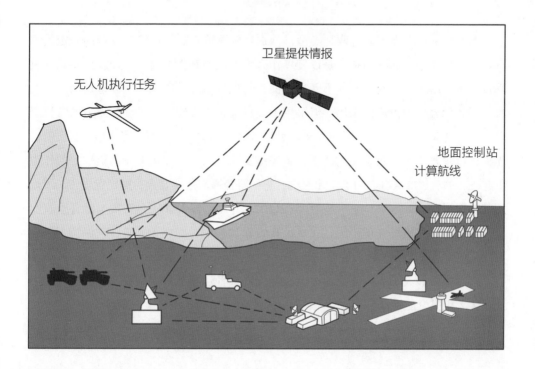

卫星提供情报

无人机执行任务

地面控制站
计算航线

无人机如何发射起飞

无人机的发射方式很多，如手抛、机载投放、车载发射、弹射、火箭助推等。根据发射地点的不同，可分为陆基（手抛、车载等）、空基（机载投放）、海基（舰载、潜射）发射；按发射动力的不同，可分为自力、弹射、投放、复合式发射。

·自力发射

自力发射是指无人机起飞时依靠发动机的推力或旋翼升力实现升空。自力倾斜发射时常常采用助推火箭，垂直起飞多利用旋翼或喷气发动机的升力，部分无人机在发动机推力的作用下，借助跑道滑行起飞。

以火箭作动力的发射平台被广泛用于无人机的发射，无人机在助推火箭发动机推力作用下飞离发射装置，无人机起飞后，扔掉助推火箭，由机上主发动机完成飞行任务。火箭助推发射技术成熟、推力范围大、成本低，使用范围非常广。但是，火箭发射有着不可避免的缺陷：火箭会产生大量的烟尘和火光，并伴随着噪声，这会对无人机的操控人员造成视觉和听觉上的干扰，同时容易暴露阵地；使用火箭发射增加了无人机的发射步骤，加上火箭性能的差异，也令无人机的发射成败变得不可预料。

无人机垂直起飞主要有两种类型，分别是旋翼垂直起飞和经过改造的固定翼垂直起飞。旋翼垂直起飞的特点是以旋翼作为无人机的升力工具，旋转旋翼使无人机垂直起飞。由于这种起飞方式不受场地面积与地理条件的限制，所以适用面广，尤其在舰载无人机中被广泛采用，但采用了旋翼垂直起飞的无人机续航能力通常比较弱。固定翼垂直起飞方式包括尾座支撑型和专用起降型两种。尾座支撑型在起飞时，无人机以垂直姿态安置在发射场上，由尾座支撑无人机，在机上发动机推力的作用下起飞。如美国的 XBQM-108A 无人机，它保留普通起落架装置，机尾有尾座，可采用起落架滑跑方式起飞，也可垂直姿态起飞。专用起降型起飞是在机上配备垂直起飞专用发动机，借助它的推力，飞机可垂直起飞。相对旋翼无人机，它保持了固定翼飞机的快速机动和长续航能力的优点，工作空间更广阔。

很多中型和大型无人机在动力上已经接近或者达到了有人驾驶飞机的水平，因此，无人机完全能够像有人驾驶飞机一样利用自身动力从跑道上滑跑起飞。

● 依靠自力发射

升空后，无人机与火箭分离

旋翼无人机是利用自身螺旋桨产生的升力完成起飞

无人机如何发射起飞

·弹射起飞

常用的无人机弹射方式包括弹力弹射、气液压弹射和燃气弹射，而已经被应用于有人战斗机的电磁弹射技术将是未来无人机的新一代发射技术。弹力发射利用伸缩性很强的弹性元件（如橡皮筋、弹簧）的弹力作动力，提供起飞所需的加速度，这种弹射方式适用于小型无人机，如波音公司的"扫描鹰"都采用了这种发射方式。燃气弹射是指直接利用火药气体来发射无人机，通常借助现役火炮实现通用发射（如美军研制155毫米火炮发射无人机），要考虑无人机的抗过载性能以及总体结构与武器的兼容性。

无人机气液压弹射起飞方式主要采用气液压能源作为无人机弹射起飞的动力。与常用的火箭助推起飞方式相比，它具有隐蔽性好、经济性好、适应性好等优点，不会产生光、声、热、烟雾等信号，每次进行无人机发射时消耗性器材及支援保障的费用较低。另外，在一定范围内通过调节蓄能器充气压力和充油压力，便可满足不同无人机对起飞质量和起飞速度的使用要求。

电磁弹射器是利用电磁力推动物体，使物体在短距离内加速到一定速度后发射出去的装置。电磁弹射器主要由电源和直线直流电机等设备组成，与由气体管路或液体管路、阀、泵以及储能装置等设备组成的气液压弹射器相比，电磁发射设备体积小且容易维护。由于直线直流电机具有很好的可控性，可以方便且精确地通过调节输出电流的大小来改变弹射动能的大小，使电磁弹射器具有精确弹射无人机的能力。无人机电磁弹射起飞技术作为一种新型的发射技术，相比目前成熟的无人机发射起飞方式，其发射效率更高，因此，受到越来越多的关注。

·空中投放

无人机被其他飞行器（常规飞机、特殊弹药等）运载到空中，再借助相关技术完成放飞任务。美国新近研制的"盾牌"无人验证机是从P-3C母机的机翼或弹舱中发射，离机后展开尾翼和尾部控制面，俯冲到低高度之后开始执行任务。利用常规飞机投放，能降低无人机飞行过程中发生故障和被拦截的可能性，延长无人机的结构疲劳寿命。但母机需要大型机场，且保障过程复杂，特别是陆、海军在使用该发射方式时须得到空军协同，独立作战能力不强。

● **大型无人侦察机、攻击机大多是直接从跑道滑跑起飞**

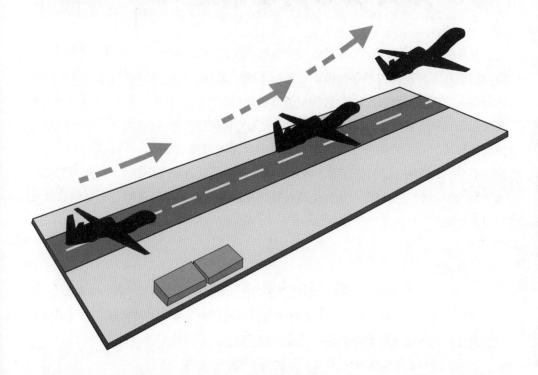

● **炮射无人机利用火药燃气压力起飞**

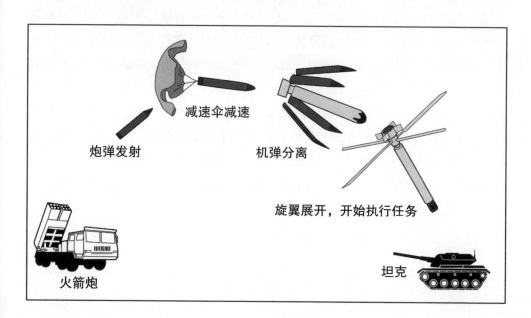

减速伞减速

炮弹发射

机弹分离

旋翼展开，开始执行任务

火箭炮

坦克

无人机如何发射起飞

由各种航空炸弹、导弹、布撒器等母弹携带投放的无人机在飞行初期由母弹携带，到达预定高度和距离时被母弹抛出，然后子机再进行一定距离的巡航飞行或在目标区内巡飞，并完成指定任务。这种投放方式已经引起了众多国家的重视，如美国从"全球鹰"无人机改装而来的广域海上监视系统无人机和俄罗斯 R-90 无人侦察机便是这种投放方式。利用特制弹药和布撒器运载投放无人机速度很快，从发射到飞行至目标区上空一般只用几分钟，降低了被拦截的风险。同时，这种发射方式具有小型化、维护简单、使用方便等特点，但也存在作用距离短、巡航时间有限、不易回收重复使用等不足。

·潜射技术

美军在 20 世纪 90 年代率先开始研制潜射无人机，先后研制出"海上搜索者""海上哨兵""鸬鹚"三种型号，使无人机成为潜艇的预警侦察、通信导航、战场评估、对敌打击的攻防兼备的重要装备，大大提高了潜艇的作战能力。

目前，美国潜射无人机水下发射方式为干式发射和湿式发射。

干式发射是被采用次数较多的一种潜射方式。无人机被折叠后，整体装入运载器内，在水下航行和点火时始终处于干燥状态，完全依靠运载器将其送至水面，无人机在出水过程中完成与运载器的分离。这种发射方式的最大益处在于无人机回避了水环境适应性问题，从而大幅降低了无人机的研制难度。该技术比较成熟，"海上搜索者"就是利用这种方式发射，采用了可折叠机翼，借助潜艇标准的 533 毫米鱼雷发射管等发射装置完成发射。

采用湿式发射方式的无人机无运载器，但无人机在发射管内有一个密封的保护筒，当无人机发射离管后至安全距离时点火，保护筒留在管内。"鸬鹚"潜射无人机采用了这种方式，它类似海鸥折叠翼，并能装于潜艇弹道导弹的发射筒内。无人机从弹道导弹发射筒弹出，上浮到海面，然后点燃火箭助推器，达到一定速度后，涡轮风扇发动机起动，进入巡航飞行模式。

● 母机携带和空中发射

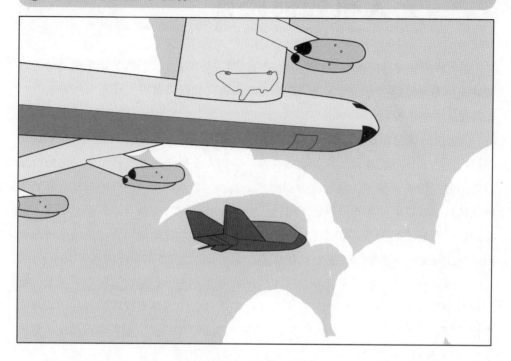

潜艇在水下执行任务时，可将导弹发射装置用鱼雷发射管发射至水面，导弹呈立起或倾斜状态，作为海上柱形浮标以待命，当指挥官下达进一步指令后，导弹发射装置再将发射管内的无人机发射出去

无人机如何降落

无人机完成飞行任务之后，并不代表着这次飞行结束。操控人员接下来要做的，就是要让无人机稳当地降落下来。那么，无人机又如何降落呢？在无人机降落时，又需要注意些什么？

无人机的着陆方式有很多种，可大致分为伞降回收、空中回收、起落架滑跑着陆、拦阻网回收、气垫着陆和垂直着陆回收等。有些无人机采用非整机回收，这种情况通常是回收任务设备舱，其他部分不回收。例如，美国的 D-21/GTD-21B 在完成飞行任务后，其任务设备舱被弹射出机体，由 C-130 飞机空中回收。有些小型无人机在回收时不是用回收工具来回收，而是靠机体某部分直接触地回收，采用这种简单回收方式的无人机通常是机重小于 10 千克，最大尺寸在 3.5 米以下的无人机。

伞降回收是中小型无人机经常采用的回收方式之一。在回收过程中，当无人机到达预定回收区中心点上空时，其所配备的降落伞会按照预定程序或者在地面站的指挥下开伞，使无人机缓缓着陆，整个过程较为简单，对操作人员的要求也比较低。

空中回收这种方式目前只在美国使用。采用这种回收方式，在有人机上必须有空中回收系统，要求在无人机上除了有阻力伞和主伞之外，还需要有钩挂伞、吊索和可旋转的脱落机构。

起落架滑跑着陆的回收方式与有人机相似，不同之处是对跑道要求不如有人机苛刻，有些无人机的起落架局部被设计成脆弱的结构，允许着陆时撞地损坏，并吸收部分着陆时产生的冲击能量。为缩短着陆滑跑距离，有的无人机和有人舰载机一样具有尾钩，在着陆滑跑时，尾钩勾住地面拦阻绳，这样便可以大大缩短滑跑距离。以色列的"先锋""猛犬""侦察兵"等无人机就采用了这种回收方式。

用拦阻网系统回收无人机是目前世界小型无人机较为普遍采用的回收方式之一。拦阻网系统通常由拦阻网、能量吸收装置和自动引导设备组成。能量吸收装置与拦阻网相连，其作用是吸收无人机撞网的能量，避免无人机触网后在网上弹跳不停，以致损伤。自动引导设备一般是一部置于网后的电视摄像机，或是装在拦阻网架上的红外接收机，由它们及时向地面站报告无人机返航路线的偏差。以色列的"侦察兵"、美国的"苍鹰"等无人机都是用拦阻网回收。另外，美国还有一种"天钩"回收系统，和拦阻网回收功能相似，回收时利用无人机翼尖的挂钩钩住绳索回收。美国的"扫描鹰"无人机便采用此种回收方式。

● 发射架发射

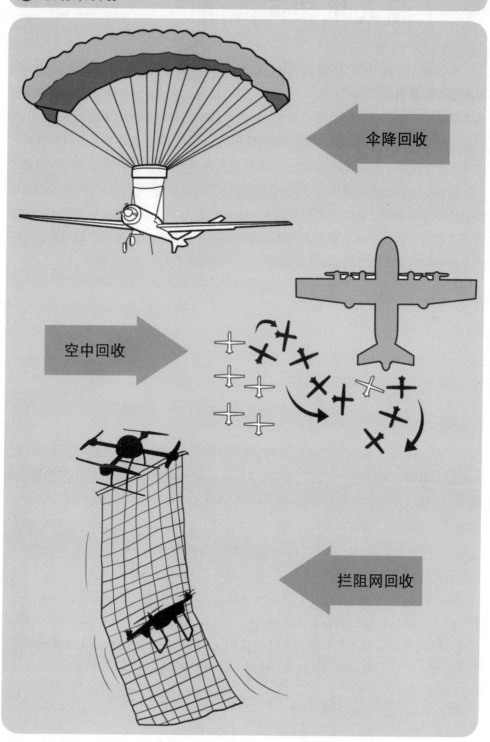

伞降回收

空中回收

拦阻网回收

无人机如何降落

气垫着陆和利用拦阻网回收方式比较相似，是将拦阻网换成了气垫。气垫不仅可以配合降落伞使用，也可以单独作为一种着陆方式使用。这种方式不需要起落架和降落伞，无人机在着陆前打开气囊，然后直接触地即可借此实现缓冲目的。但需要注意的是，依靠气垫直接着陆，缓冲能力有限，只适用于微小型无人机。这种方式最大的优点就是不受地形的限制，也不受无人机的大小、重量限制，且回收率高。

垂直着陆回收方式只需要小面积回收场地，因其不受回收区地形条件的限制而特别受到军方青睐。旋翼无人机以旋翼作为获取升力的来源，操纵旋翼的旋转速度使无人机垂直着陆；固定翼无人机垂直着陆则是利用发动机的推力抵消重力，一些无人机会专门配备降落用发动机，以配合主发动机使无人机减速着陆。

消费级无人机降落技巧

这类无人机在降落时操作一定要慢、要稳，因为当无人机距离地面30厘米时，会产生翼地效应，一定要等到无人机悬停平稳了再缓缓收油门，动作要柔和。落地后要保持油门收底5秒钟，等到电机自动加锁后再松开。

● 发射架发射

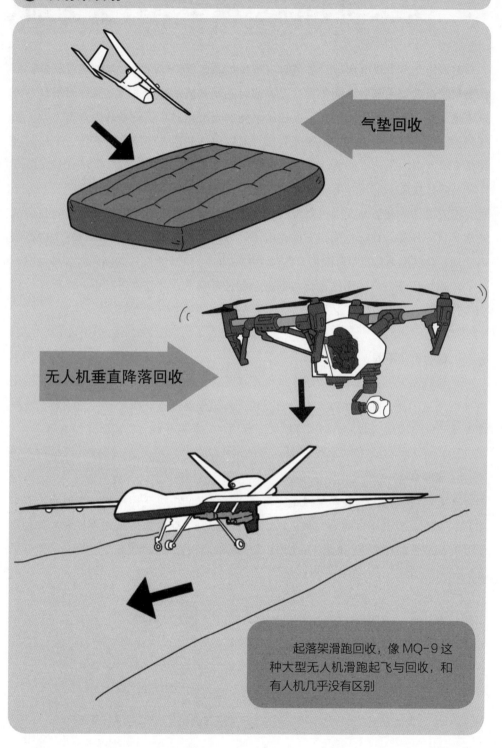

气垫回收

无人机垂直降落回收

起落架滑跑回收，像 MQ-9 这种大型无人机滑跑起飞与回收，和有人机几乎没有区别

无人机和航空模型有什么区别

无人机是由无线电遥控设备或自身程序控制装置操纵的无人驾驶飞行载具，不需要驾驶员在机内驾驶，而是通过遥控或自动驾驶技术进行飞行。航空模型是一种重于空气的、有尺寸限制的、可遥控的不能载人航空器，一般可分为自由飞类、线操纵类、无线电遥控类等。虽然无人机和航模都是非载人的航空飞行器，但是二者还是有所区别。

·任务载荷

无人机任务载荷是无人机系统的重要组成部分，无人机通过装载不同的载荷来实现其目标任务。在远程操控方面，由于远程指标的不同，无人机可以在全球范围内活动，而航模则是视距范围内。在自动控制方面，无人机能够智能应对各种情况，按要求执行任务，与地面站进行数据融合和任务确认，并要求进行下一步操作；而大多数航模的自动控制只能实现失控后自动返航。

·目的用途不同

早期的无人机多应用于战争，执行军事任务，随着科技的发展，无人机在民用方面的用途广泛，如森林防火、边防缉私、高速公路巡查、探矿等应用领域。航模多侧重于航空模型运动，参与国际航联竞赛项目、航模爱好者交流研究等方面。

·飞控系统

无人机可以自主驾驶、超视距飞行，通过复杂的中央飞控系统，与地面控制参数进行交互，控制飞机的姿态和机动，是程序控制。航空模型虽然也是无人驾驶，但是在操控手的视距范围内由操控手遥控实现机动和姿态的调整。

● 发射架发射

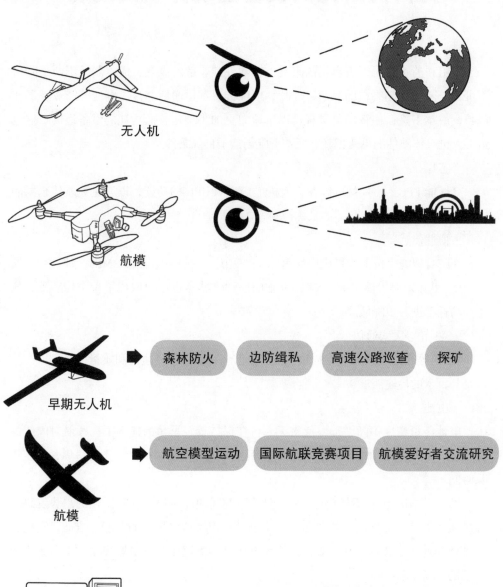

无人机

航模

早期无人机 ➡ 森林防火 边防缉私 高速公路巡查 探矿

航模 ➡ 航空模型运动 国际航联竞赛项目 航模爱好者交流研究

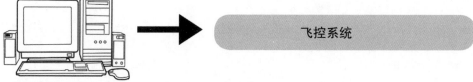

➡ 飞控系统

为何民用无人机会呈现井喷式发展

民用和消费级无人机市场的兴起，和硬件产业链的成熟、成本曲线不断下降密不可分。随着移动终端的兴起，芯片、惯性传感器、通信芯片、电池等产业链迅速成熟，成本下降，使智能化进程得以迅速向更加小型化、低功耗的设备迈进。这也给无人机整体硬件的迅速创新和成本下降创造了良好条件。

· 芯片

高性能 FPGA 芯片就可以在无人机上实现双 CPU 的功能，以满足导航传感器的信息融合，实现无人飞行器的最优控制。

· 惯性传感器

伴随着智能手机上大量应用加速计、陀螺仪、地磁传感器等，MEMS 惯性传感器从 2011 年开始大规模兴起，6 轴、9 轴的惯性传感器也逐渐取代了单个传感器，成本和功耗都进一步降低。

· Wi-fi 等无线通信

Wi-fi 等通信芯片用于控制和传输图像信息，通信传输速度和质量已经可以充分满足几百米的传输需求。

· 电池

电池能量密度不断增加，使得无人机在保持较轻重量的前提下，续航时间能保持 30 分钟左右。此外，太阳能电池技术可使无人机在高海拔持续飞行一周，甚至更长时间。

硬件成本的下降解决了无人机"身体"的问题，飞控系统开源化的趋势解决了无人机"大脑"的问题，从此无人机不再是军用和科研机构的专利，自此，全世界的商业企业和发烧友都加入了无人机系统设计的大潮中，是引燃民用和消费无人机市场的"爆点"。

第三章
无人机的应用

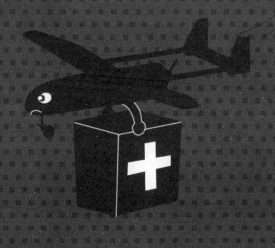

民用无人机和军用无人机有哪些不同

无人机可以分为军用和民用两大类。民用无人机以消费级无人机居多，也就是说，它是日常消费品。这类无人机与军用无人机有着很大区别，这些区别主要是涉及技术应用和使用成本的问题。

首先是电磁散逸的问题。因为无人机主要是通过无线电传输指令，民用无人机的指令在传输时很容易被附近的敌方电子系统探测到。也就是说，如果把民用无人机用于军事用途的话，无人机刚起飞或抵达目标上空，对手就立刻知道了，失去了无人机隐蔽的意义。

其次，在航程和有效滞空时间上，两者存在差距。考虑到与侦察区域的距离问题，即便是出动小型军用无人机，它的续航时间也必须保持在数小时以上，否则扣除路上花费的时间，在目标上空的侦察时长就非常有限了。如此说来，普通民用无人机几十分钟的续航时间对军事用途来说，并没有太大的实用意义。

另外，它们在有效载荷方面也差异明显。军用无人机现在最主要的用途是侦察和监测，它搭载的是光电或红外设备，这类电子吊舱重量通常在数千克以上，远超民用无人机的有效携带能力。

最为重要的一点是，为防止与后方的通信路线被截断或监听，军用无人机需要装备加密电台，它的尺寸、功耗和重量也都有严格的要求。在执行攻击任务时，更需要保持与后方的通信，不能中断。在这一点上，民用无人机缺乏加装这类设备的资质。在现代作战体系里，无人机不再是单一的飞行平台，而是需要嵌入整个作战系统，承担相应的任务，需要在设计之初就做好周密考量。

民用无人机的用途更偏重个人娱乐，缺乏执行军用和警用等特殊任务的能力。无人机在民用领域的作用更广，如使用无人机监测偏远林区的火情，或者派出多架无人机沿高速公路巡查，可尽早发现和评估事故情况。

● 民用无人机更容易被探测到

报告，探测到对方信号

敌方

● 军用无人机续航能力远远强于民用无人机

续航时间数小时

续航时间几十分钟时

● 军用无人机通信更安全

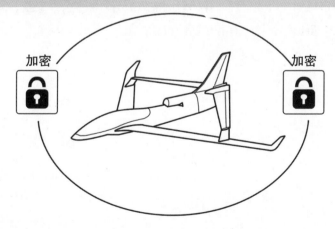

加密　　加密

无人机航拍

无人机航拍是将无人驾驶飞机作为空中平台，通过机载遥感设备（如高分辨率CCD数码相机、轻型光学相机、红外扫描仪，激光扫描仪、磁测仪等）获取信息，用计算机对图像信息进行处理，并按照一定精度要求制作成图像。

航拍图像的应用十分广泛，各地区、各部门在综合规划、田野考古、国土整治监控、农田水利建设、基础设施建设、厂矿建设、居民小区建设、环保和生态建设等方面，无不需要最新、最完整的地形、地物资料。利用遥感航拍技术，能准确反映出地区新发现的古迹，新建的街道、大桥、机场、车站，以及土地、资源利用情况等综合信息。

无人机航拍技术以低速无人驾驶飞机为空中遥感平台，用彩色、黑白、红外、摄像技术获取空中影像数据，并用计算机对图像信息进行加工和处理。整个系统在设计和最优化组合方面特点突出，是集遥感、遥控、遥测技术与计算机技术的新型应用技术。

无人机航拍影像具有高清晰、大比例尺、小面积、高现势性的优点，特别适合获取带状地区（如公路、铁路、河流、水库、海岸线等）航拍影像数据。此外，无人机为航拍摄影提供了操作方便、易于转场的遥感平台。起飞、降落受场地限制较小，在操场、公路或其他较开阔的地面均可起降，其稳定性高、安全性好，转场容易。无人机低噪节能、高效机动、影像清晰、轻型化、小型化、智能化等特点，更令航拍的入门成本和难度大大降低。

无人机航拍技术，可广泛应用于国家生态环境保护、矿产资源勘探、海洋环境监测、土地利用调查、水资源开发、农作物长势监测与估产、农业作业、自然灾害监测与评估、城市规划与市政管理、森林病虫害防护与监测、公共安全、国防事业、数字地球以及广告摄影等领域，有着广阔的市场需求。

● **无人机航拍的优势**

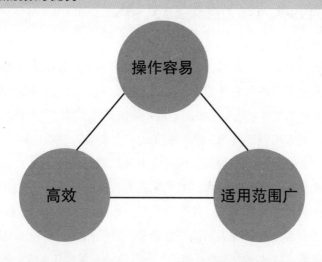

操作容易

高效　　　适用范围广

● **无人机航拍需要的设备**

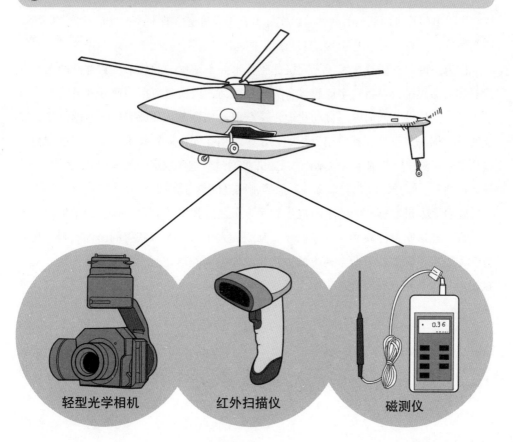

轻型光学相机　　　红外扫描仪　　　磁测仪

无人机遥感技术

随着飞行器技术的不断发展，尤其是无人机的出现，遥感技术获得了一个全新的平台，"无人机遥感技术"开始进入人们的视野。无人机遥感技术能一定程度上弥补传统的卫星遥感和普通航空遥感的不足，逐渐得到了人们的重视。

简单地说，无人机遥感技术，就是在无人机上安装一台功能强大的照相机，通过分析图像获得想要的数据。例如，当进行土地规划的时候，为了了解用地情况，如果仅依靠地面测量，工程量巨大。而使用无人机遥感技术，从空中拍摄图像，就可以清晰地看到地面植被、河流、建筑等情况，通过分析这些图像数据就能够得到这一区域的土地资源情况。无人机能够在超低空进行拍摄，弥补了卫星遥感和普通航空遥感时效性弱、机动灵活性差、受限于天气条件、很难获取云下影像的不足。

很多人可能会陷入一个误区，认为无人机遥感技术的主要作用就是"低空拍照"，从空中拍下照片进而获取有效信息。实际上，无人机遥感技术并不只是"低空拍照"这么简单，它的真正作用是将信息从图像中提取出来。

作为一种低空遥感技术，无人机遥感技术并不是单一的技术，它是借助无人飞行器作为遥感平台，将数字遥感设备为任务载荷，以遥感数据快速处理系统作为技术支撑，高机动、低成本、自动化地快速获取地理资源、环境等空间遥感信息，完成遥感数据采集、处理和应用分析的技术。利用无人机遥感技术，我们可以高精度地从空间观测角度获取丰富的基础数据，并且通过对这些数据的整理和分析，为农业、林业、地质、海洋、气象、水文、环保等领域提供参考资料。

随着无人机遥感技术的不断进步，无人机遥感技术的应用已渗透到了生活的方方面面。在撒哈拉沙漠和亚马孙雨林，利用无人机遥感技术获得的影像资料，帮助科学家发现了隐藏在这两个地方的大规模的原始人类居住区。在世界范围内，无人机遥感技术被用来探查地球资源，如水资源、石油、天然气、煤炭、金属矿藏等的储量。

● 什么是遥感

　　遥感是指非接触的、远距离的探测技术。一般指运用传感器对物品的电磁波辐射、反射特性的探测

● 无人机遥感的应用

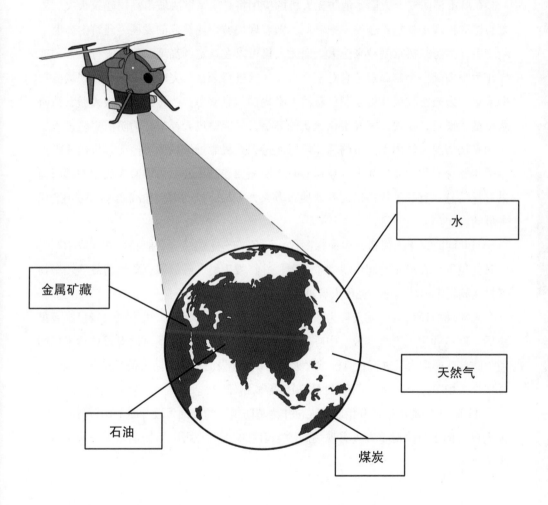

水

金属矿藏

天然气

石油

煤炭

　　无人机遥感技术降低了遥感探测的成本，扩大了遥感技术的应用范围

无人机用于城市消防

近年来，在处置高层建筑火灾、易爆易燃危险品火灾事故中，因消防员无法靠近或进入到灾害事故现场，救援工作面临严峻的考验。如果消防无人机得到推广，将解决这方面的难题。

在城市消防安全方面，消防无人机的应用将是未来解决城市高层建筑火灾、易爆易燃火灾现场扑救难题的一把利剑。随着现代城市建筑业的发展，建筑的高度不断刷新，消防救援难度越来越大。而无人机可以在指定的高度、位置进行飞行，这样作为空中的一个制高点，它对整个火灾区域进行观察，完成对灭火救援现场的数据采集，为调派救援和科学制订救援方案提供信息支撑。当接到火警报警后，消防队员抵达现场，发现火灾发生在建筑的高层，只能通过云梯或者消防员冒险进入建筑物确认情况。使用无人机的话，可以派遣无人机靠近火场，遥控无人机快速将火场的轮廓、面积、蔓延速度等数据实时传回地面控制中心，为地面灭火指挥部门提供可靠信息，有利于他们迅速有效地布署灭火方案，提高灭火作战效率，防止造成人员的伤亡。

与此同时，无人机搭载生命探测仪，配备 GPS 定位装置，能感知和获取幸存者的具体位置，在最短时间内找到生命源，并将救生绳、呼吸罩、急救药品等轻型物资投送到指定地域，帮助被困人员进行自救或快速逃离现场。

火灾现场还可以以无人机为载体，传达有效指令。将无人机集成语音、扩音模块后，就能利用无人机实现空中呼喊或者传达指令，而各项信息的有效传达不仅能使消防部队调配人员进行重点区域灭火工作，还能及时通知消防人员撤离危险地区，并根据火场图像资料为消防人员提供最佳撤离路径。

目前，一些地区已经开始以无人机作为消防工作的辅助手段开展工作，可以看出，无人机有助于解决对重大火灾现场的动态信息的准确把握，帮助消防人员快速进行灾情确认。

● 无人机在火灾现场的应用

利用无人机进行地质勘探

无人机的出现，使得多个行业的发展发生了质的飞跃，地质行业也不例外。地质勘探工作往往具备难度大、危险系数高等特点，所以地质勘探从业人员的工作压力和工作难度都相当大。而无人机先进的航拍技术可以大力缓解这部分压力，替代人工进行一些高要求、高难度的作业。

地质现象的多因素性和复杂性决定了工程地质勘测必须在勘测手段上采取综合勘测的方法。无人机的应用为地质测绘提供了全新的手段，其宏观性、直观性和综合性是地面测绘所达不到的。如在我国粤桂合作特别试验区的地质勘探中，无人机就发挥了不小的作用。在试验区进行地形勘探的过程中，无人机被用于勘探作业，一架无人机一次能飞 200 千米左右，一张航拍相片可显示长 432 米、宽 288 米的实际区域，一次航飞可拍约 2000 张照片，一个架次能完成航飞面积约 20 平方千米。

和传统的勘探方式相比，无人机勘探的主要优势在于能更快、更直观地完成勘探工作。根据利用无人机勘探作业的经验来看，使用传统勘探需要耗时数月的工作，使用无人机最多一个月就能完成，可节约大量时间和人工成本。此外，传统勘测成果主要是地形图，无人机勘测提供的是数字影像图，能够直观地反映地形和地貌。

不仅如此，无人机还可以为城市规划、建设和管理提供多方面的基础地理信息，如城市道路桥梁建设、交通巡逻、治安监控、城市执法等。当我们在进行城市规划的时候，往往需要更为详细的城市土地利用信息，如果采用人工勘查的方式，工作量庞大，而这些有关城市居住用地、道路交通、公共建筑等方面的信息可以从无人机航摄影像上清晰地判读和提取出来。

● 无人机地质勘探的优势

· 信息更直接，速度更快
· 传统勘探为地形图，而无人机能直接提供影片

· 活动范围大
· 降低了勘探人员的工作难度

民用无人机的主要应用

民用无人机在现阶段能够做的事情有很多，如植保、森林消防、电力布线、公安反恐等。那么，在这些领域中，无人机有哪些优势？

·无人机植保

应用于植保方面的无人机被称为农业无人机，也就是指用于农作物保护作业的无人机。主要集中运用在植保、施肥、播种、灾害预警、产量评估、农田信息遥感等领域。农业无人机主要由飞机平台及药械、机载系统、地面站系统及辅助设备组成，通过地面遥控或 GPS 飞控，来完成喷洒作业。

农业无人机具有地形适应性好、环保、覆盖密度高、防治效果好、能够紧急应对大面积爆发病虫害等优点。尤其是在中小面积的丘陵、山区、坡地等复杂地形中使用效果很好，同时避免了因长时间接触农药而对操作人员身体造成的伤害。

·电力无人机

电力无人机主要指无人机在电力工程方面所充当的角色，具体应用于基础建设规划、线路巡查、应急响应、地形测量等领域。随着技术的不断提高，电力无人机在未来电力工程建设中将会发挥出更大的优势。

无人机机动灵活的特点，令线路巡查可以不受地理条件和环境条件的限制，特别适合在复杂环境执行任务，可定期对线路通道内树木、违章建筑等情况进行重点排查和清理，确保输电通道的安全。加上无人机内置机载高清拍摄设备，通过航拍测绘掌握地面受灾程度，地面工作站控制指挥人员可以根据实时回传的数据，立即通知相关单位开展抢修和维护事宜。

电力无人机的应用能降低电力部门整体巡检成本，在拍摄过程中排查重大危险隐患，及时为运行单位提供信息，可避免线路故障，挽回高额费用损失。

·无人机森林消防

林业消防无人机的应用主要是针对地面巡护无法顾及的偏远地区以及对重大森林火灾现场的动态信息的准确把握和及时了解，也可以解决有人驾驶飞机无法夜航巡护、烟雾造成能见度低而无法飞行等问题。

农业方面

无人机可以用于喷洒农药、播种、施肥等多个农业领域

电力方面

无人机在电力方面的应用主要是代替人工对线路进行巡查，及时发现故障并报告

发现异常

民用无人机的主要应用

通常，这类无人机会配备专用双通道红外成像仪，使无人机可穿透烟雾进行人员搜救；实时图像传输系统及地面控制系统可以有效确认人员、危险品等重点事物的方位；利用测温功能，可以分析具体区域温差以及最高温度区域的定位。携带的高分辨率数码相机可有效发现重点事物的细节，或是对区域进行系统拍照，使任务决策、灾情管理、灾后报告等更加直观有效。

一些大型的林业消防无人机还具备物资投递功能，通过集成探杆、线轮、物品舱、软梯等，可执行物资横向运输、线路牵引、传单投递、物资投递等。

·无人机安保

无人机所承担的安保工作主要是依靠其航拍和数据传输能力。无人机利用承载的高灵敏度照相机可以进行不间断的画面拍摄，获取影像资料，并将所获得信息和图像传送回地面。如遇到突发事件、灾难性暴力事件，可迅速达到实时现场视频画面传输，专供指挥者进行决策和判断。

无人机机载摄像头可采集现场数据，迅速将现场的视频、音频信息传送到指挥中心，跟踪事件的发展态势，供指挥者进行判断和决策（空中电子眼）。无人机机载摄像头到达现场后就迅速开始多角度、大范围的进行现场观察，具有不可替代的作用，是一般监控设备无法比拟的。

无人机能够在媒介失灵的情况下，播撒传单，向现场群众传递信息。当一些大型群体骚乱事件发生时，由于参加的人群容易缺乏理智，现场会很难控制。必要时可利用无人机播撒传单，向现场群众传递有关信息，引导群众配合政府的施救行动，或驱散示威人群，投放驱散装备。

人们借助无人机进行空中喊话，传递政府领导者的话，表达警方意图。突发事件具有不确定性，如果在处置过程中不能使用适当的宣传工具与群众进行沟通，可通过无人机搭载扩音设备对现场进行喊话，传达正确的舆论导向。

应急出警的通信设备需要租用卫星线路时，需要提前申报，且手续繁杂。由于高楼林立，通信信号盲区多，导致信号不能及时传递到指挥中心，致使决策滞后。无人机搭载的小型通信设备则起到了低空卫星的作用，对地面形成不间断的信号链接，使指挥系统能及时接收到事发现场的详细警情。

林业领域

无人机在林业方面的应用包括用于巡视森林火灾，甚至进行小范围灭火

火势凶猛

安保领域

在安保领域，无人机就像一名巡逻员，可以随时提供巡视区域的情况，以便相关部门做好应对措施

传单

对民用无人机的防御

随着无人机市场的火爆，它在给人们带来便利的同时，也存在很大的威胁。2015 年 8 月，美国航空委员会通报了一架无人机携带海洛因和大麻等毒品飞进美国俄亥俄州一座监狱。几天后，美国马里兰州一座监狱也发生了类似的事件，有人利用无人机给监狱内的犯人运送毒品和香烟。

类似的事件在全球许多地方都有发生，各国逐渐开始将防御民用无人机提上日程。以英国为例，英国的布莱特监控系统公司、切斯动力公司和恩特普赖斯控制系统公司这三家在各自行业处于领军地位的企业，正在联合开发一种强大、高效且高度集成的反无人飞行器防御系统（AUDS），以期对抗由于微型、小型和大尺寸无人飞行器的滥用所导致的日益上升的安全威胁。

AUDS 系统集成了布莱特监控系统公司的 A400 系列 Ku 波段电子扫描防空雷达，切斯动力公司的光电指示器、可见光 / 红外相机和目标跟踪软件，与恩特普赖斯控制系统公司的定向射频抑制 / 干扰系统，能够对 8 千米范围内的无人机进行探测、跟踪、识别、干扰和制止。

AUDS 系统将在偏远边境或城市和地区执行反无人机任务。同时，该系统被部署在固定位置或移动平台上操作。

无人飞行器在具备许多有益应用前景的同时，也可能被越来越多地恶意使用。它们能够携带照相机、武器、有毒化学物质和爆炸物，并可能被大量用于恐怖袭击、间谍行为和走私活动。

对民用无人机的防御主要通过干扰手段实现

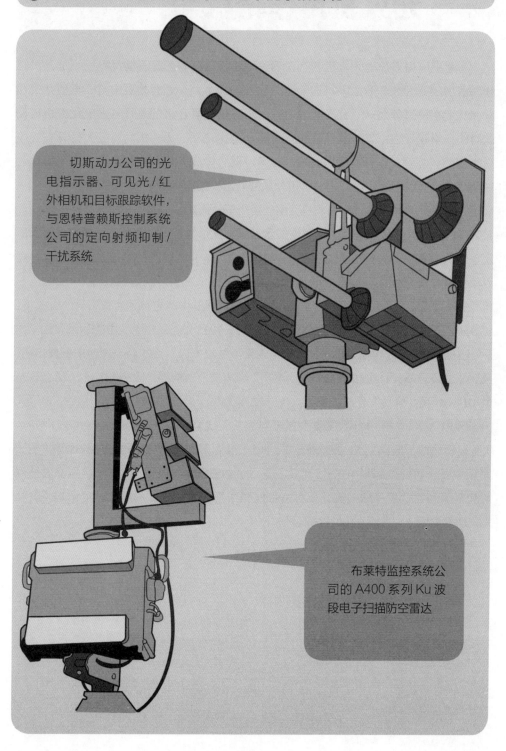

切斯动力公司的光电指示器、可见光/红外相机和目标跟踪软件，与恩特普赖斯控制系统公司的定向射频抑制/干扰系统

布莱特监控系统公司的 A400 系列 Ku 波段电子扫描防空雷达

无人机用作靶机

在军事应用方面，无人机和有人驾驶飞机相比也有着显著的优势。一是无人机相对费用较低，大多数无人机的造价为几万到几十万美元，相当于同一类型有人驾驶飞机成本的百分之一，甚至千分之一。培养出一名合格的飞行员需要耗费相当长的时间，根据经验，这一周期大约是4年。相比之下，无人机的操控人员只需要接受半年的训练就足以操作无人机执行任务。此外，无人机具有外形小、使用简单、回收容易等优点，这注定了它在军用领域的广阔发展前景。

无人机最初的用途是作为靶机，也就是用于地面防空或者空中格斗作战的训练。早在20世纪20年代，美国海军和英国皇家海军深信遥控无人驾驶飞机的军事潜力，至少认为在防空作战领域作为靶机进行作战训练是非常可行的，这一设计思想一直延续了近半个世纪。英国皇家航空研究院于1922年对其研制的RAE 1921型无人靶机进行了试飞，这是一种将空气动力学、轻型发动机和无线电技术有效结合的无人机，可在近两千米的高度上以160千米的时速飞行；1933年，采用无线电控制技术的"仙后"靶机成功首飞。由于"仙后"靶机在1932年的皇家海军舰队防空试验中表现出色，英国人又于1934年至1943年期间采购了420套在"虎蛾"双翼教练机基础上改装的DH 82B型"蜂后"靶机。

美国从20世纪30年代末就开始了对大型无线电控制靶机的研究，并于1941年3月在新泽西州成立了VJ-5靶机中队，用于对海军部队的防空炮手进行训练。美国诺斯罗普公司曾研制了MD2R5靶机，这种靶机的飞行高度为8250米，能够安装红外曳光管和雷达信号增强器，还可携带拖靶作为火炮和导弹的靶标。美国瑞安公司的BQM-34靶机飞行高度达18300米，用于模拟高空战斗机。

● 无人机 "陪练员"

凭借高推力发动机、先进的微处理器飞行控制系统坚固的机身和任务增强系统，BQM-34 一直被作为高性能的靶机使用。

美国瑞安公司研制的 BQM-34 靶机

英国的 DH 82B 型 "蜂后" 靶机

103

无人机用于侦察作战

　　侦察作战是无人机最多的用途之一。无人机能够深入敌方阵地或者敌后，依靠携带的照相机、摄影机、扫描仪、雷达等设备，完成侦察和监视任务。虽然无人机早在 1917 年就于英国首先研制成功，但它真正投入实战是始于 20 世纪 60 年代的越南战争。当时，由于美国的战斗机被地空导弹和高炮击落太多，为了减少飞机损失和飞行人员的伤亡，美军开始使用装有跟踪控制系统和航空照相机的"火蜂"无人侦察机，对北越上空进行战略侦察。

　　无人侦察机是通过安装光电、雷达等传感器，实现全天候的综合侦察。侦察方式高效、多样，它可以在战场上空进行高速信息扫描，也可低速飞行或者悬停，为部队提供实时情报支持。高空长航时战略侦察无人机从侦察目标上空掠过，替代卫星的部分功能，执行高空侦察任务，凭借高分辨率照相设备拍摄清晰的地面图片，具有重要的战略意义。便携式无人机被大量使用，满足了部队连排级战场监视、目标侦察、毁伤评估等战术任务。

　　如今，无人侦察机已经成为侦察卫星和有人侦察机的重要补充和增强手段。与侦察卫星相比，无人侦察机具有成本低、侦察地域控制灵活、地面目标分辨率高等特点；与有人侦察机相比，无人侦察机具有可昼夜持续侦察的能力，不必考虑飞行员的疲劳和伤亡等问题，特别在对敌方严密设防的重要地域实施侦察，或在有人驾驶侦察机难以接近目标的情况下，就更能体现出无人侦察机的优越性。无人侦察机已成为重要的空中侦察装备。

　　以色列在发展和应用无人侦察机方面走在世界前列。从 20 世界 70 年代开始，以色列已发展了三代无人侦察机，即第一代"侦察兵"，第二代"先锋""徘徊者"，第三代"搜索者""猎犬""苍鹭"和"眼视"等。相比以色列，美国更重视发展长航时、三军通用的无人侦察机，技术处于世界领先水平。

　　除美国、以色列外，还有一些国家的军队也装备有无人侦察机，如英国的"不死鸟"、俄罗斯的图–243、德法合作研制的"布雷维尔"、南非的"秃鹰"等无人侦察机和加拿大的 CL–227 无人侦察直升机。

● 侦察作战是无人机的"拿手绝活"

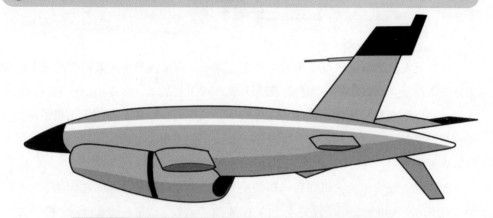

可携带
照相机、摄像机、扫描仪、机载雷达以及其他侦察装备

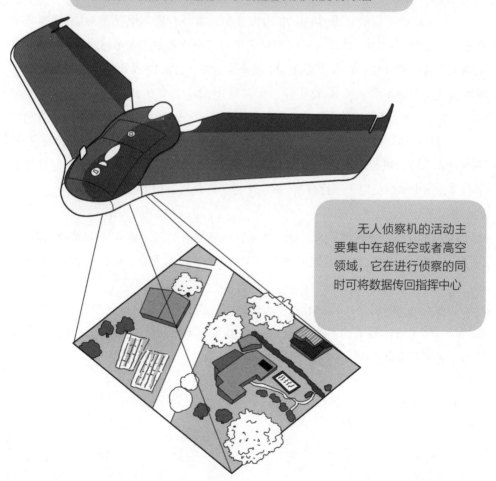

无人侦察机的活动主要集中在超低空或者高空领域,它在进行侦察的同时可将数据传回指挥中心

无人机担当诱饵

由于无人机具有成本低、无人员伤亡的特点，许多国家将无人机在战场上的应用方向瞄准了"诱饵"这一角色。用无人机做诱饵的战术，多年前以色列就曾经使用过。在以色列和黎巴嫩的贝卡谷地之战中，以色列空军先是使用无人机做诱饵，诱使黎巴嫩防空雷达跟踪，导弹发射后，暴露了黎巴嫩的部署位置，从而在紧随其后的真正空袭中，黎巴嫩的导弹基地最终惨遭轰炸。

美军也十分看中无人机作为诱饵的能力，还曾专门研制了作为诱饵的无人机机型。由美国麦克唐纳公司设计并生产的 ADM-20 "鹌鹑"就是一种亚声速、喷气动力、空射诱饵巡航无人机。这种无人机由 B-52 战略轰炸机携带，用来在敌方的雷达屏幕上呈现成轰炸机的形态，继而干扰并使敌方防空系统失效。

ADM-20 最初被命名为 GAM-72 诱饵导弹，由一台通用电气 J85-GE-3 涡喷发动机驱动。其纤细的弹体、双尾鳍和双垂尾为该导弹提供了与 B-52 大小相似的雷达截面积。也就是说，在实战应用中，美军会发射 GAM-72 诱饵导弹来诱骗敌方，令其雷达以为美军出动了 B-52 轰炸机。一架 B-52 轰炸机的武器舱里可以装下 8 枚 GAM-72，GAM-72 被安装在 B-52 弹仓的最后方，在 B-52 轰炸机弹翼展开、发动机点火之前会被预先投出弹舱并下落一段时间。GAM-72 可以由地面进行预编程，在其飞行过程中可以进行两次转弯和一次变速，航程最大为 825 千米。此外，它还安装了包含雷达中继机的电子干扰载荷，后期型号还搭载箔条布撒器和热源（以模拟 B-52 的红外特征信号）。

1963 年 6 月，所有型号的 GAM-72 诱饵导弹都被更名，基本型 GAM-72 被更名为 ADM-20A 无人机，GAM-72A 被更名为 ADM-20B 无人机，GAM-72B 被更名为 ADM-20C 无人机。

20 世纪 60 年代，ADM-20 相对于当时的雷达技术而言是一种有效的诱饵无人机。但之后，随着雷达技术的不断发展，ADM-20 被辨别出的概率也不断增加，1978 年以后，美军就不再使用 ADM-20 作为诱饵了。

● 诱饵无人机

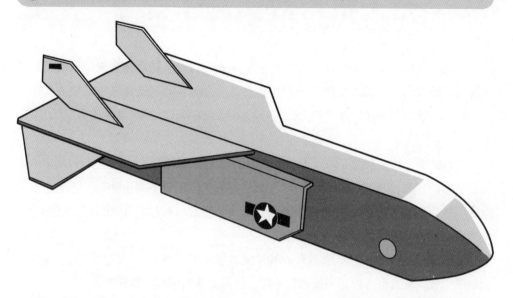

● ADM-20 和 B-52 的雷达截面图

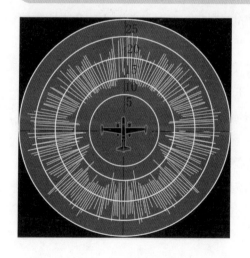 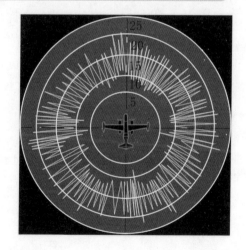

战术运用

· 令敌方以为出动的是 B-52 轰炸编队
· 敌方导弹基地暴露
· 以导弹、战斗机进行二次攻击

无人机对敌实施干扰

使用无人机对敌方进行侦察的策略是主动暴露自己，让敌方发现，从而了解敌方火力、装备情况。无人机的另一种用途与此完全相反。利用无人机对敌方实施干扰策略是指以无人机作为电子干扰机，令敌方的无线电通信、光电系统成为"聋子""瞎子"。

实施电子干扰是按统一的电子对抗计划，同部队战斗行动协调地进行。由于陆、海、空军的作战特点不同，它们对电子干扰的战术应用也不完全相同。从空中实施电子干扰主要依靠电子干扰飞机，在敌方地面防空武器射程以外对目标附近的主要电子设备进行干扰，从而掩护机群行动。

无人机能够携带多种有效载荷，其中就包括电子干扰设备，因此无人机也能作为电子干扰飞机对敌方通信系统进行干扰，令敌方通信中断，指挥失灵。

目前，针对敌方电子设备进行干扰已经不限于一种手段，往往是同时干扰雷达和通信。要对敌方区域内的所有雷达进行干扰几乎是不可能的，因此会选择在干扰指定雷达的同时对其通信线路进行干扰，使敌方的防空和导弹阵地无法获得所需情报。在这样的情况下，用于干扰作战的无人机就需要同时装备两种或两种以上的干扰设备，根据实战情况灵活运用。也可同时使用两种或者多种不同用途的无人机、无人机与电子干扰飞机协同作战。像英国研制的"君主"系统，就是使用多架无人机，分别携带电子侦察设备、雷达干扰设备和通信干扰设备，飞临敌方阵地上空进行电子战任务的一个综合系统。

在光电对抗中，无人机的作用潜力也是十分引人注目的，它可以装备烟雾装置，瓦解敌方光电制导武器的进攻；也可以装备闪光灯具，作为红外诱饵，引偏敌方的红外制导武器；还可以利用它机动灵活和滞空时间长的特点，把携带的曳光弹准确地投放到所需的位置上。

● 无人机干扰在实战中的应用

无人机的干扰手段有哪些?

红外干扰

无线电遥控干扰

无线电遥测干扰

无线电导航干扰

无线电通信干扰

雷达干扰

激光干扰

......

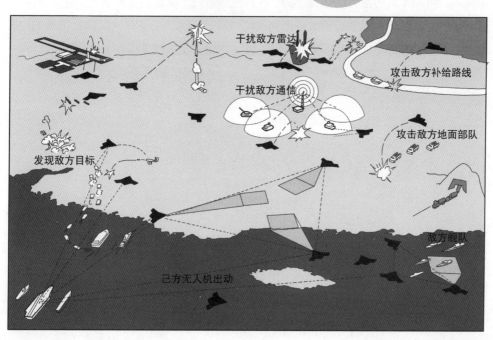

干扰敌方雷达

攻击敌方补给路线

干扰敌方通信

攻击敌方地面部队

发现敌方目标

敌方舰队

己方无人机出动

无人机对地攻击

无人机最初仅仅是作为一种侦察工具使用。而作为一种空中运载工具，无人机能携带多种对地攻击武器，飞往前线或深入敌占区纵深，对地面军事目标进行打击。它可以用空地导弹或炸弹对敌防空武器实施压制，用反坦克导弹等对坦克或坦克群进行攻击，用集束炸弹等武器对地面部队集结点等进行轰炸。美国军方对这类飞行器的兴趣十足，因为它是成本低廉、极富任务灵活性的战斗机器，使用这样的战斗机器可避免人员伤亡。

在阿富汗战争中，美军的无人机取得了不俗战绩。这次战争也是无人机首次被用于对地攻击。美军使用的 RQ-1 "捕食者" 无人机在战争中装备了 "地狱火" 导弹，配合有人战斗机，击毙了 "基地" 组织二号人物穆罕默德·阿提夫，由此开创了用加载武器的无人机执行对地攻击任务的先河，成为无人机发展史上的一个重要转折点。之后，各国纷纷加快了研制无人攻击机的步伐，如今许多国家都已经拥有了自己的无人攻击机。

除了传统的空地攻击用途，特别值得一提的是反辐射无人攻击机。这是一种利用敌方雷达辐射的电磁波信号，发现、跟踪、摧毁雷达的武器系统。反辐射无人攻击机不仅可用于攻击敌方雷达、干扰机和其他辐射源，加装复合制导装置等设备后，还可用于攻击敌预警机和专用电子干扰飞机，如以色列的 "哈洛普" 无人机。美国的 "勇敢者" 200 型无人机和德国的 KDAR 无人机等就属于反辐射无人攻击机。

● 无人机攻击目标

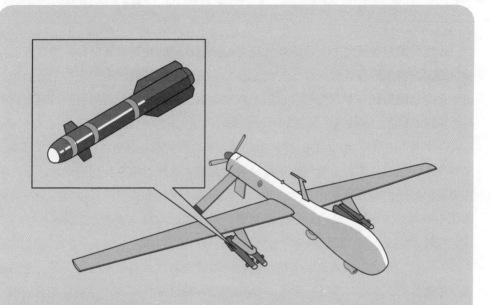

　　典型的无人攻击机在攻击手段上与有人飞机相同，在机身安装武器挂架，从而令无人机具备携带导弹、制导炸弹以及其他武器吊舱的能力

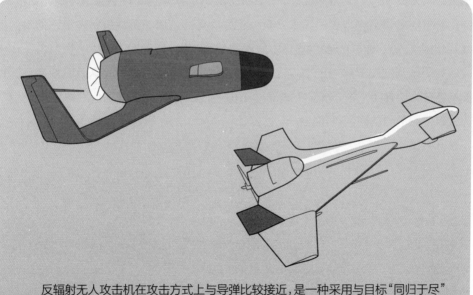

　　反辐射无人攻击机在攻击方式上与导弹比较接近，是一种采用与目标"同归于尽"的办法，不过，反辐射无人攻击机的主要攻击目标是敌方雷达系统

无人机空中通信中继

在整个无人机系统中，通信系统是飞行控制系统的重要组成部分，担负着无人机飞行状态信息和任务载荷数据的传送任务，实现地面站对小型无人机实时监控。由于某些远距离任务受通信硬件传输距离的限制，如何增加无人机的通信距离成了一道难题。最终，解决这一难题的办法就是实现无人机空中通信中继。

空中通信中继是无人机的一个重要用途。当自然灾害（如地震、洪水、泥石流、海啸等）发生时，在一定地域内地面原有的有线、无线通信系统均遭到破坏，在最需要通信联络的时候信息传递就成为一个大问题。而无人机则可以作为一个便捷的通信中继机，在指挥中心与现场之间搭建一座无形的信息"桥梁"，快速构成一个应急局域无线通信网，以解燃眉之急，为救灾赢得宝贵时间。

美国的"先锋"无人机装有抗干扰扩频通信设备、大功率固态放大器、全向甚高频和超高频无线电台中继设备等，可在 C 波段进行数据、信号、话音和图像通信，通信距离可达 185 千米。

美国波音公司和英思图集团共同研制的"扫描鹰"无人机还曾进行过空中通信中继加密试验。为了提高"扫描鹰"无人机的空中通信中继效果，波音公司在"扫描鹰"无人机航电设备舱内配了哈里斯公司开发的 SecNet 11 Plus 无线局域网技术。

哈里斯公司是获得美国国家安全局官方许可的可用于最高机密和保密网络的无线局域网接入点 AP 的产品供应商。哈里斯公司的 SecNet 11 Plus 技术是 Type 1 加密技术。美国国家安全局规定 Type 1 加密的机密密码算法只能由军队及其商业伙伴控股的特殊客户使用，并分享保密数据。采用这种保密技术，可确保地面站与"扫描鹰"无人机之间的通信高度机密。

● **通信中继相当于扩大信号范围**

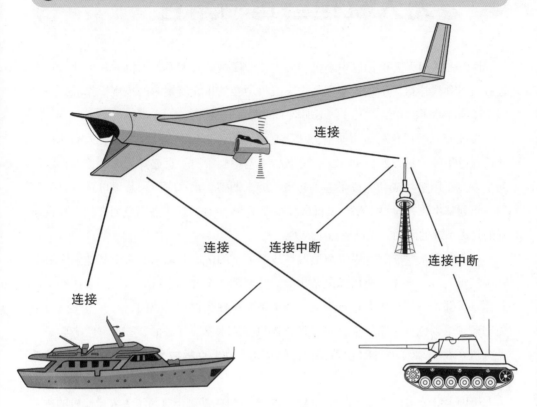

直接通信流程

无人机通信中继流程

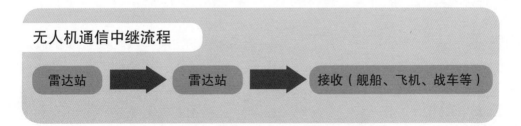

无人机担当运输角色

目前，各国无人机仍以中小机型为主，即便是一些大型无人机，其尺寸也只接近有人驾驶战斗机。不过，考虑到未来战争中会发生在城镇中的小规模作战，一些国家已经开始研制和试验尺寸并不那么大的无人运输机。

2011 年初，以色列城市航空公司研制出一种名为"空中骡子"的无人运输机。此后通过不断改进，2015 年 12 月 30 日，"空中骡子"垂直起降无人机首次在以色列米吉多军用机场成功完成了垂直起飞、姿态调整、水平飞行、悬停以及垂直降落等一系列基本飞行科目，整个飞行试验持续了 35 分钟，标志着以色列在无人垂直起降的投送系统的研制方面已经趋于成熟。

"空中骡子"能够克服复杂地形在战场狭窄的区域着陆，而对于其他无人机而言则较难实现。该无人机可以配备担架、空调和一个通信系统，从而可以使伤员得到休息，并能与医疗中心进行沟通。伤员被安排在受保护的隔间，并在整个飞行中受到监视。以色列城市航空公司宣称，在执行战术支援任务时，一架"空中骡子"无人机在 50 千米工作半径内每架次能够运送 500 千克货物，可在 24 小时内运送近 6000 千克的货物。

美国卡曼公司也在该公司 K-MAX 运输直升机的基础上进行了无人运输机的改型尝试，无人驾驶的 K-MAX 运输直升机保留了驾驶座舱，座舱内的驾驶装置被替换为光电设备和传感设施。2011 年，美军在阿富汗战场上对 K-MAX 无人直升机进行了测试，完成了世界上首次无人直升机货运任务，K-MAX 无人直升机采用吊索的形式，装载了一定数量的武器弹药和战场急救用品。

1
2
3
4

未来的空中运输方式

以色列的"空中骡子"无人运输机是一种人员运输机，负责在战场上运送伤员

K-MAX 无人直升机，其运输主要是通过吊索和吊舱进行，机内并没有载货空间

空战无人机

在了解空战无人机之前，首先得明确空战的概念。通常所说的空战，是指利用飞行器在空中进行战斗，是以击落对方战机、夺取制空权为目的的一种战争形式。用于空战的主要武器是战斗机，它存在的意义就是击落敌方战机。像攻击机、轰炸机、侦察机、反潜机等机型，它们是属于自卫性质，因此不算空战飞机。

这样理解的话，空战无人机也就是专门用于空中格斗、击落敌方敌机的无人机。像美国的 MQ-1 "捕食者" 无人机、以色列的 "哈比" 无人机等用于执行对地攻击或者以雷达为攻击目标的无人作战飞机，并不能算空战无人机。

无人战斗机的设想产生于 20 世纪 70 年代，美国还进行了大量的飞行试验，但当时由于技术上的难度未解决，这些构想没有实现。直到近年来，随着无人机技术的不断发展，为了减少战斗机飞行员在空战中受伤，一些国家开始研制用于空空交战的无人机。

由于无人机机动时不受飞行员抗过载能力的限制，空战时可进行超常规机动，对导弹等高速攻击武器可进行有效的规避。同时，无人机被敌方机载雷达截获的概率低，故在空战中的损失要大大低于有人驾驶飞机。例如，美国研制的高机动空中格斗无人机，在与 F-4 "鬼怪" 式战斗机进行空战格斗试验中，曾成功地躲避开 F-4 所发射的 "麻雀" 导弹的攻击。另外，美国还进行了 "天眼" 无人机携载 "轻标枪" 和 "针刺" 空空导弹的试验，用于与直升机、攻击机空战。

目前，世界各国研制的空战无人机大多采用飞翼设计，如美国的 X-47B、英国的 "雷神"、法国的 "神经元"、俄罗斯的 "鳐鱼" 无人机等，并且已经纷纷进入试验阶段，相信不久的将来，空战无人机将成为空战的主要力量之一。

● 无人机用于空中自主格斗

● 无人战斗机

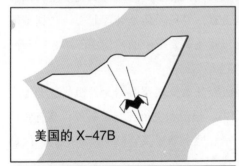

美国的 X-47B

英国的"雷神"

法国的"神经元"

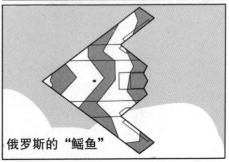

俄罗斯的"鳐鱼"

微型无人机

微型无人机是指尺寸只有手掌大小的飞行器，它是士兵可携带的战场侦察设备，特点是体积小、重量轻、机动性强、隐蔽性好、续航时间长，特别适用于在高危环境下执行任务。

微型无人机的研制始于20世纪90年代。1996年，美国国防高级研究计划局授予航宇公司一项研制合同，并进行制造微型无人机的可行性研究。当时，微型无人机作战环境主要是在峡谷和城市建筑物之间，在巷战中给班、排、连等低级别作战单位提供实时的情报保障。

在阿富汗战争和伊拉克战争中，微型无人机逐渐得到运用，尤其是在伊拉克的城镇战场上，微型无人机的侦察为低级别作战单位提供了必要的情报支持，成为战场上被广泛认同的一员，也从指挥人员武器库中的一个小角色一跃成为冲突作战中必不可少的重要角色。

微型无人机在空中飞行时需要与操作人员保持通信联系，但受体积、质量的限制，目前只能采用微波通信方式。尽管微波可传输大量数据，足够进行电视实况转播，但却无法穿透墙壁，这是当前急需解决的问题。对于非视线数据传输，目前已有了一些改进技术和解决方案，就是把大量较大的无人机部署到所需区域的上空，以提供整个网络所需的网络连通性，并实时传送信息。卫星通信是处理非视线数据传输的另一种方式，但存在电源消耗过大的问题，它还需要空中的通信中继站才能与网络连通，中继站可以是另一架飞机或者卫星。

在微型无人机取得成功之后，科学家们已经开始探索超微型无人机，这类无人机的重量一般只有10克左右，除去必要的动力、通信和飞行控制设备外，其有效荷载空间已非常有限，而增加的重量又会在一定程度上缩短飞行器的续航时间，因此一丝一毫的重量都要经过精确计算。

● 微型无人机

尺寸：数十厘米　　　　　续航能力：数十分钟

平台类型：固定翼、旋翼等　　侦察手段：微型摄像机、红外设备等

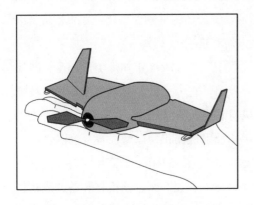

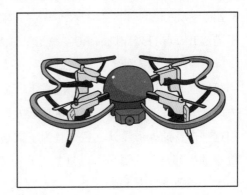

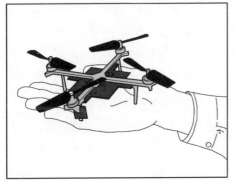

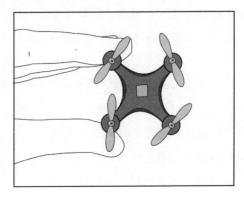

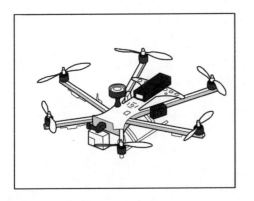

隐身无人机

20 世纪 90 年代初，美国空军中央情报局和 CIA 方面联合进行了隐身无人机方面的研究，希望这种无人机的隐身性能令其更加适用于那些存在高度防空导弹威胁的作战区域。起初，该计划是作为"捕食者"3 型的改进项目开展起来的。1994 年，该项目一分为二，即名为 2+ 型的超远程无人机项目以及较小的 3 型隐身无人机项目。3 型隐身无人机的研制合同授予了洛克希德－马丁公司的臭鼬工厂，后来顺利研制出了酷似 B-2 隐身轰炸机的 RQ-3 "暗星"无人侦察机。

"暗星"无人侦察机在研制中被称为"蒂尔"-3，1995 年 6 月 1 日，在美国加利福尼亚州的洛克希德公司斯昆克工厂公开展出，它也是世界上第一种具备隐身能力的无人机。该机外形奇特，机翼硕大，机身扁平，有头无尾。"暗星"之所以采用这种奇特的外形设计，主要是为了减小雷达反射截面积，以增强自身隐身性能。机身的底部被涂成黑色，也是基于此种考虑。该机在 13700 米的高度可连续巡航 8 小时，活动半径为 1800 千米，巡航时速为 240 千米。据介绍，该机将装备合成孔径雷达或电光探测设备，总监视覆盖面积为 4.8 万平方千米，搜索时速为 5480 千米，单机可截获目标 600 个。该机还具有自主起飞、自动巡航、脱离和着陆的能力，而且可在飞行中改变自己的飞行程序，以执行新的任务。

虽然"暗星"无人机表现出来的性能极具突破性，但它的寿命却十分短暂，在试飞成功三年后的一场坠机事故中坠毁，研制计划也被迫取消。

目前，世界各国研制的隐身无人机主要是空战无人机，因为在空战方面，无人机对隐身的需求最大，无人机隐身能力优秀与否，直接关系到无人机能否突破敌方防空系统，成功对敌方目标进行打击。在不久的将来，隐身能力必然将成为衡量无人机性能的重要标准。

● B-2"幽灵"隐身轰炸机

　　B-2"幽灵"是目前世界上唯一的隐身战略轰炸机，它不但融合了各式低视度科技与高效能的气动力设计，更可以携带大量挂载，使它的性能遥遥领先其他轰炸机型。它的低视度设计使B-2可以自由飞行于高空，增加了其感测器的有效距离与作战航程

● RQ-3"暗星"无人侦察机

长度：4.5 米
翼展：21 米
最大飞行高度：13700 米

增强隐身性能

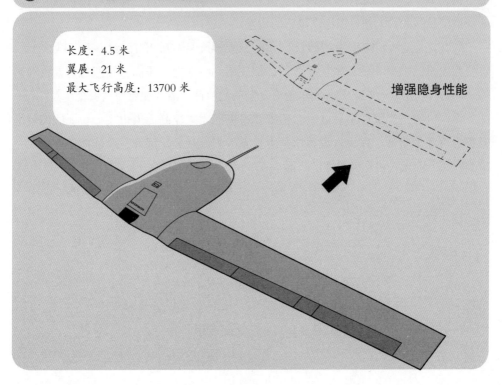

自己能 "DIY" 一架无人机吗

在动手之前，先确定好需要的材料，包括电机、电子调速器、飞控板、机架等。通常这些都可以在网上买到，如果想要进一步 DIY，可以尝试定制部件，自主设计和外包加工也是不错的选择。

通常，无人机 DIY 玩家首先会选择四轴四旋翼无人机，因为它的扩展性很高，可以搭载相机，也可以配备其他传感器。无人机厂商生产的消费级无人机也大多选择了四轴四旋翼无人机。

飞控板很小，但是功能十分强大。它有陀螺仪、气压计、磁力计等一系列传感器，是整个飞机的灵魂。许多玩家会直接购买 APM 飞控，这是一款开源飞控，功能强大，可改造度高。

电机和电调对无人机性能的影响很大。选择电机的时候要考虑到拉力、重量和电池容量之间的内在联系，通常会花费一笔不小的费用。选好电机后，就可以选择电子调速器了，也就是用来连接飞控板和电机的部件，它可以控制电机转速。电调的安培要足够大，大到可以稳住电机的功率。

最后就是电池和螺旋桨。从理论上讲，只要螺旋桨不互相打到对方就可以，但是，也要为电机的功率和转速来选择合适的螺旋桨。电池电压越高，转速越快，也会影响桨的选择。值得一提的是，锂电池有一定的危险性，需要注意使用安全。

无人机的主要部件组装以后，还需要遥控器才能控制无人机飞行。一些廉价的遥控器可靠性很低，在飞行过程中很容易发生失控现象。因此，在选择遥控器时，应当购买专业无人机厂商生产的产品。

第四章
民用及军用无人机

美国 X-43 试验机

　　X-43 无人机是美国国家航空航天局所开发的一种试验机。它是无人机中的一个奇葩,因为一般无人机的飞行速度并不高,但 X-43 不同,它被称为极声速无人机。X-43 无人机曾创下 10 倍于声速的超高飞行速度,是迄今为止人类所造出的使用外进气动力的飞行器中,速度最快的"纪录保持者"。

　　X-43 这样惊人的速度是由于它以独特的超声速燃烧冲压发动机作为动力,这种动力系统属于内燃机的一种,与火箭发动机不同的是,冲压发动机无须自备氧气,可像普通喷气发动机一样自大气中吸取氧气,供应发动机所需。而它与一般喷气发动机的不同则在于冲压发动机是经飞机本身的超声速运行压缩氧气,供应发动机运转所需。

　　由于超声速冲压发动机在运作时,燃烧室的进气流速必须超过声速(相比之下,冲压发动机的燃烧室进气则处于次声速状态),虽然工程师可以透过进气道造型设计等方式提升气流速度,但一般来说除非飞行器本身已处于超声速飞行状态,否则很难起动机上的超声速冲压发动机。为满足这个条件,X-43 必须先挂载在一架昵称为"八号球"的 NB-52B 母机(以 B-52"同温层堡垒"轰炸机改装而来)翼下飞至高空后,点燃 X-43 上的"飞马座"火箭(原本是作为反低轨道人造卫星导弹用的推进系统),将 X-43 推进到超声速状态后,再点燃自身的超声速冲压发动机进行极声速飞行。

　　X-43 的试飞成功,标志着人类飞行技术进入高超声速飞行时代。一旦高超声速飞行技术被运用于太空运输领域,人类将可在两小时内飞到世界上任一个角落。而从军事运用的角度来看,美国科学家也正利用冲压喷气发动机技术发展超声速巡航导弹,这种导弹的飞行速度比现有的火箭快 10 倍,能够轻松穿透装甲,可由世界任何地点发射。这种超高速巡航导弹的射程可达 14500 千米。

● X-43 试验机起飞过程

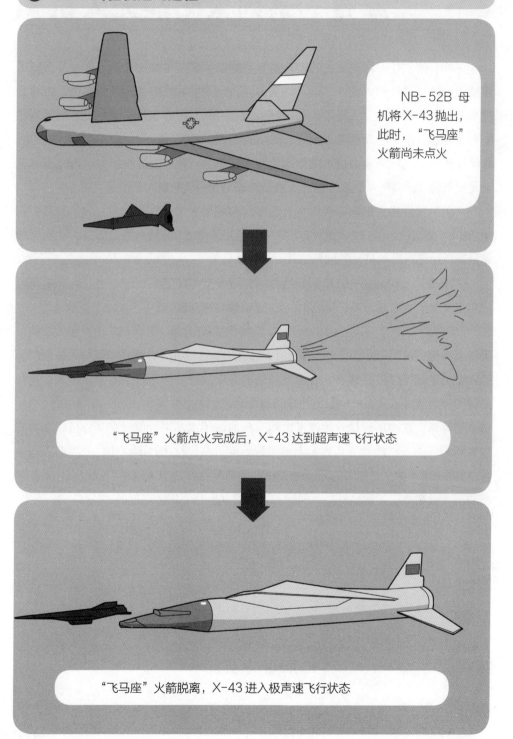

NB-52B 母机将 X-43 抛出，此时，"飞马座"火箭尚未点火

"飞马座"火箭点火完成后，X-43 达到超声速飞行状态

"飞马座"火箭脱离，X-43 进入极声速飞行状态

"泽弗"系列太阳能无人机

　　一般来说，有人驾驶飞机的燃料基本都是依靠航空煤油和汽油，这是考虑到了燃油动力的可靠性和成熟性。无人机则不同，无人机不需要载人，能够更大胆地尝试高新技术，如今的无人机不但有以燃油为动力的，更有相当一部分无人机是依靠电力驱动的。由于不需要考虑到飞行人员长期滞空的身体压力，太阳能、核能等能够保证长时间飞行的动力也可能会应用在无人机上，如英国国防技术企业凯奈蒂克公司研制的"泽弗"系列太阳能无人机就打破了飞机飞行航时的纪录。

　　"泽弗"系列太阳能无人机是超轻型太阳能无人飞行器，又名"和风"号，它在 2010 年 7 月 9 日至 23 日期间连续飞行了 336 小时 21 分钟后安全降落，从而打破飞行器单次飞行时间最长的世界纪录。

　　"泽弗"系列无人机采用碳纤维材料，最新型号的体积比上一型号大，从而可安装更多太阳能电池，使无人机在白天飞行时可以存储足够用于夜间飞行的电能。

　　"泽弗"是凯奈蒂克公司"永恒飞机"计划的试验品，该公司希望依靠太阳能，研制出具备"永久"滞空能力的无人机，具备能够连续几个月低成本且持久的侦察、巡视能力。相比之下，目前，有人驾驶飞机连续飞行时间一般只有十数小时，具备长时间滞空能力的无人机也只能连续飞行几天。

　　"泽弗"系列从设计开始就考虑到未来的商用或军用价值，它具备搭载多种有效载荷的能力。"泽弗"系列无人机飞行高度很高，在飞行测试中，"泽弗"通常可以在 21 千米的高空进行巡航。如果像"泽弗"这样的无人机被广泛应用，不仅侦察与巡视效果将得到数倍提升，同时，飞行成本也会大幅度降低。

● **"泽弗"系列无人机的用途**

海事和边境监视

环境监测

导弹检测

导航

组织通信带宽

连续画面传递

● **"泽弗"S型无人机创造了飞行器连续飞行时间的纪录**

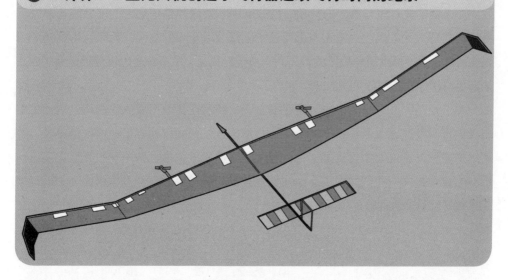

● **"泽弗"T型无人机，采用双尾翼设计**

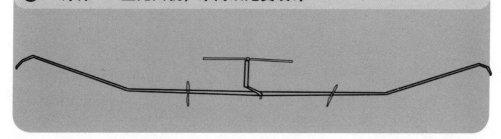

能够送货上门的亚马逊无人机

2013 年 12 月，亚马逊公司宣称在测试一个叫作 "Prime Air" 的无人机快递项目，通过使用 8 桨遥控无人机实现鞋盒包装大小以下货物的配送，所有订单从发货开始，预计会在 30 分钟内送达 1.6 千米范围内的客户手中。这种完全自动化的快递系统利用无人机替代人工投送快递，旨在实现快递投送的自动化、无人化、信息化，提升快递的投递效率和服务质量，以便缓解快递需求与快递服务能力之间的矛盾。

这种无人机快递系统通常由快递无人机、快递柜、快递盒、快递集散点、区域调度中心等部分构成。

快递收发的流程与人工投送类似，根据无人机的续航能力、快递业务量的地理位置分布、通信的实时可靠性、系统的容积能力以及建设成本等诸多因素的综合考虑，将整个系统划分为若干区域，区域内部独立运作，区域之间协同运作。

快递柜在接收用户放入的快递后向调度中心发送收件信息，调度系统通过决策挑选出合适的无人机，并向无人机发送任务指令以及目的坐标，无人机收到指令后飞往目标，快递柜将引导无人机着陆并自动装卸快递，快递在送达目的快递柜之后，快递柜向用户发送领件短信通知。

对于处在区域之间的快递，调度中心在收到发往其他区域的快递信息后，将指引无人机收件并就近送往本区域的快递集散分点，分点自动将快递按区域分类，装箱后送往机场，由大型飞机送往目的区域的快递集散基地，基地在收到快递箱以后拆分，集中将同一片区域的快递送往该片区域的快递集散分点，再由调度中心调度无人机送往目的自助快递柜。

● 亚马逊无人机如何完成送货

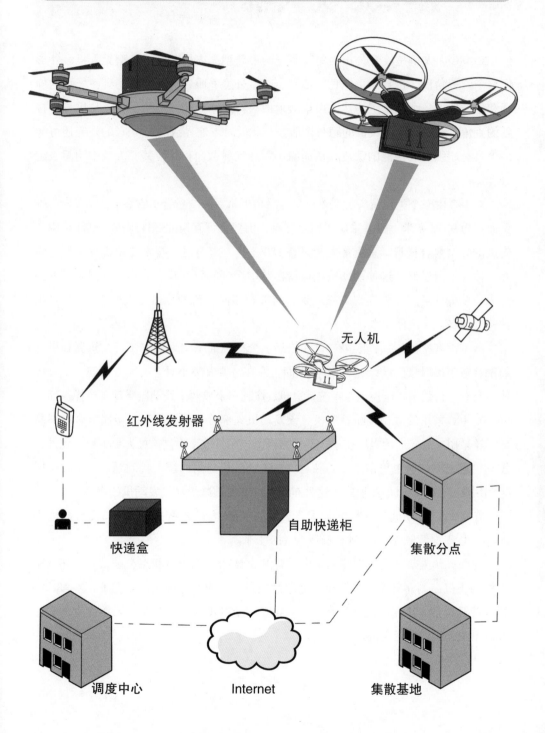

无人机

红外线发射器

快递盒

自助快递柜

集散分点

调度中心

Internet

集散基地

129

X-48C 无人机

　　X-48C 无人机是波音公司为美军研制的最新型无人机。这款新型无人机，外形像一个大三角形，机身涂上白色的油漆。除了外形养眼外，X-48C 还具备极强的静音和隐身性能，可在低空悄然无声地对地面目标发动突袭。消除了机翼与机身交接处的直角，有助于改善飞机的隐身性能。与此同时，外界猜测 X-48C 的外壳还可能贴上具有超强吸波性能的蒙皮，从而减小雷达反射截面积，使其成为空中的超级隐身者。

　　X-48C 由一个类似箭头的宽体机身与后掠形机翼完全融合。它翼展为 6.2 米，机翼面积为 93 平方米，机翼采用了前缘缝翼，由数个可互换的部件组成。机体采用了先进的轻型复合材料，总重量大约只有 180 千克。翼身融合技术使得机翼和机身浑然一体，平滑过渡。这种设计使飞行器在空中受到的阻力减小，不仅可提供额外的升力，减少油耗，还能实现降噪效果。与拥有相同载荷的普通无人机相比，X-48C 油耗低 50%，噪声低 70%。

　　由于没有常规尾翼，X-48C 只能依靠多个操纵面来实现稳定飞行，机翼和机身的融合弯曲形后缘上设计有 20 个操纵面，并在每侧翼尖小翼上安装方向舵。中央机体内装有一台数字式电传飞控系统计算机，控制一个或两个致动器驱动每个操纵面。

　　X-48C 采用的微型涡喷发动机。该发动机大部分零件由轻型非金属复合材料制成，还采用了最先进的涡扇技术，不仅噪声低，而且效率更高、推力更强劲。此外，发动机的安放位置也可谓"匠心独运"，考虑到机身附面层干扰问题，X-48C 采用了利用支柱的发动机吊舱形式。这种布局可以有效地减少喷气发动机的噪声。

　　在飞行试验期间，该机的最大飞行速度可以达到 218 千米／时，飞行高度为 3000 米以上，续航为 60 分钟，航程为 218 千米。

　　地面操作人员在飞行性能测试中，有意让 X-48C 的飞行状态突破常规，如远距离控制飞机在侧立角度和翻转速度上超过极限。即使在这种极端状态下，X-48C 的机载计算机都未出现"发挥失常"。X-48C 完全有可能"进化"成采用高度智能化控制系统的实用型无人机。

● 最新的试验无人机

　　X-48C 机身外部几乎没有任何直角结构，翼身融合，并采用了新一代隐身涂层，隐身能力空前强大

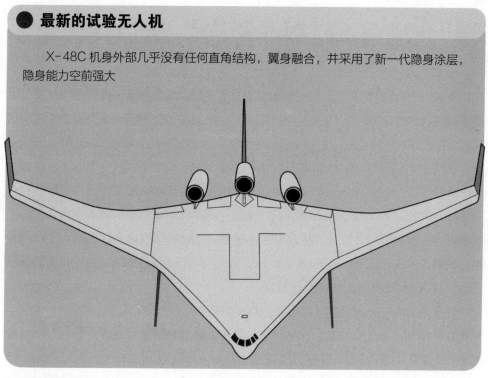

全景照相机

安全气囊充气系统

燃气涡轮发动机

IMU 高度传感器

控制执行器

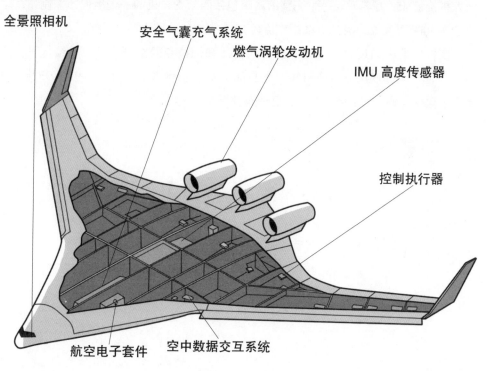

航空电子套件　　空中数据交互系统

MQ-1 "捕食者" 无人机

MQ-1 "捕食者"是美国通用原子公司在其"纳蚊"750无人机的基础上为美国空军研制的中空长航时无人机,大小相当于F-16战斗机的一半,主要用于完成小区域或山谷地区的侦察监视工作,可为特种部队提供详细的战场情报。

该机于1994年作为美国国防部的先进概念技术验证项目(ACTD)开始研制,1995年7月,曾被部署到波斯尼亚上空收集情报,为联合国战场指挥部及时提供所需情报,并监视和中转显示敌方行动的图像,同时,跟踪运动中的地空导弹系统。该机在空中值勤共计120天,完成任务128项,飞行时间长达850小时。1997年该项目被移交给美国空军,用于组建第11、第15和第17侦察中队,是美国国防部的第一个转化为军事用途的ACTD项目。

该机最初的任务主要是负责侦察,美国空军编号为RQ-1。2001年2月,美国空军为该机增加了激光瞄准器和"地狱火"导弹,使其具有了对地攻击能力。2002年2月1日,美国空军于正式将该机的编号改为MQ-1,M代表多任务。一架"捕食者"无人机价值450万美元,一个完整的系统包括四架无人机和一个地面站控制站,总价值为3000万美元。美国空军共装备有12个完整的"捕食者"系统。

该机先后参加过美国在科索沃、阿富汗和伊拉克的军事行动,战绩优异。从1994年起,美国通用原子公司共生产了60多架"捕食者"。但从1997年开始,由于飞机缺少设备,加上多次参战,已经至少损失了13架。

● MQ-1B 武器架携带"地狱火"导弹

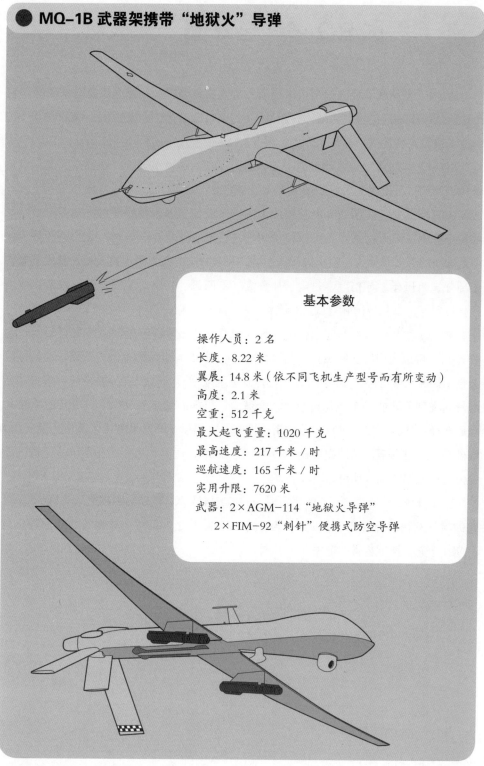

基本参数

操作人员：2 名

长度：8.22 米

翼展：14.8 米（依不同飞机生产型号而有所变动）

高度：2.1 米

空重：512 千克

最大起飞重量：1020 千克

最高速度：217 千米／时

巡航速度：165 千米／时

实用升限：7620 米

武器：2×AGM-114"地狱火导弹"

　　　2×FIM-92"刺针"便携式防空导弹

美国 RQ-4 "全球鹰" 无人侦察机

　　RQ-4 "全球鹰" 无人侦察机由诺斯罗普 – 格鲁曼门公司综合系统分部生产，它可以为战场指挥官提供高清晰侦察图像，飞行高度非常高，可以俯瞰较大面积的区域，为战场决策人员提供敌方资源和人员情况。

　　RQ-4 "全球鹰" 是目前世界上飞行时间最长、距离最远、高度最高的无人机，该机仍然保持着世界无人机领域的多项最高纪录。

　　2003 年 8 月，美国联邦航空局向美国空军颁发了国家授权证书，允许美国空军的 "全球鹰" 无人机系统在国内领空实施飞行任务，使 "全球鹰" 成为美国第一种获此殊荣的无人机系统。除美国国内空域，"全球鹰" 无人机还被授权在澳大利亚、葡萄牙、西班牙、苏格兰、丹麦、加拿大、墨西哥、哥斯达黎加、洪都拉斯、委内瑞拉以及厄瓜多尔等国际空域进行飞行。

　　"全球鹰" 机载燃料超过 7 吨，最大航程可达 25945 千米，自主飞行时间长达 41 小时，可以完成跨洲际飞行。它能在距发射区 5556 千米的范围内活动，在目标区上空 18288 米处可停留 24 小时。飞行控制系统采用 GPS 和惯性导航系统，可自动完成从起飞到着陆的整个飞行过程。"全球鹰" 可同时携带有光电、红外传感系统和合成孔径雷达，不仅可进行大范围雷达搜索，并提供 74000 平方千米范围内的光电 / 红外图像，目标定位的圆误差概率最小可达 20 米，还能利用合成孔径雷达穿透云雨等障碍，连续监视运动目标。

　　"全球鹰" 也有缺点。它的飞行时速只有 644 千米，难以逃脱高速战斗机的追击，它的喷气发动机仍会产生少量红外辐射信号。除此之外，"全球鹰" 的有效载荷只有 900 千克，携带装备的能力非常有限。

● RQ-4"全球鹰"

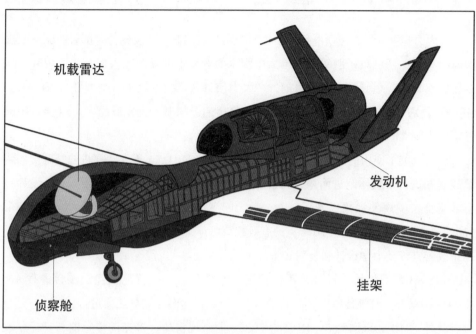

机载雷达

发动机

挂架

侦察舱

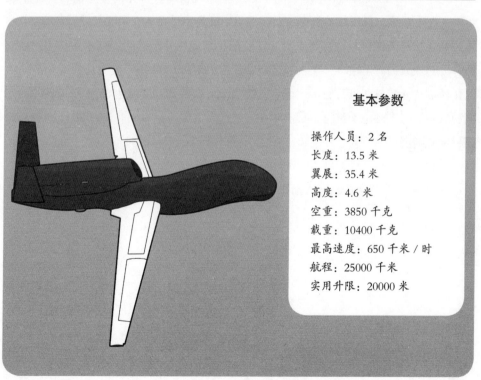

基本参数

操作人员：2 名
长度：13.5 米
翼展：35.4 米
高度：4.6 米
空重：3850 千克
载重：10400 千克
最高速度：650 千米 / 时
航程：25000 千米
实用升限：20000 米

MQ-8 "火力侦察兵" 无人机

"火力侦察兵"是诺斯罗普－格鲁门公司为美国海军研发的计划部署在驱逐舰、濒海战斗舰、两栖攻击舰等非航母大中型水面舰艇上的舰载无人机，主要用来承担战场侦察和激光引导的重任。目前，"火力侦察兵"共发展了三个型号，RQ-8A 和 MQ-8B 分别是在施韦策 330SP 和施韦策 333 型直升机基础上发展而来，MQ-8C 则选择了更为庞大的贝尔 407。

目前，美军使用的型号主要为 MQ-8B，它是在 RQ-8A 无人侦察机的基础上加装了武器并进行了整体改进而来，具备了多用途作战能力。MQ-8B 采用 4 桨叶设计，有效降低了噪声并大幅提升了升力，最大起飞重量提升至 1430 千克，最大可携带 320 千克的有效载荷，搭载 90 千克的有效载荷可连续飞行 8 小时。机身两侧设有机翼，用来改善空气动力学设计和装载武备。

MQ-8B 采用模块化设计，可快速更换有效负载，机首三轴稳定转台搭载 AN/AAQ-22D 光电 / 红外传感器和激光指示器 / 测距仪对激光制导武器进行引导。

此外，MQ-8B 还搭载有 RDR-1700B 海上监视雷达、多光谱传感器、目标获取和雷区探测系统、通用战术数据链、超视距中继通信设备、自主飞行控制系统、GPS 导航系统、声呐浮标投放装置、目标定位校正装置以及最新的信息体系结构网络，具有极其强大的海上侦察、监视和情报功能。RDR-1700B 海上监视雷达是 X 波段合成孔径雷达，装备在机身底部，可全向覆盖，最大监测范围可达 80 千米，具备在云层和风沙等恶劣环境下进行地形测绘和气象探测的能力，可同时追踪 20 个空中和地面目标并确定目标距离、方位和速度。

作为攻击平台，MQ-8B 上可携带"蝰蛇打击"小型空地制导炸弹、"地狱火"空地导弹及 70 毫米激光制导火箭弹，具有强大的对海、对陆攻击能力。

RQ-8A

RQ-8A 无人侦察机，仅具备侦察能力，不能携带武器进行攻击，其螺旋桨桨叶数量为三片

MQ–8B

MQ-8B 无人侦察机，不仅能携带侦察装备，还挂载了武器吊舱，能够发射空地导弹、制导炸弹等武器

MQ–8C

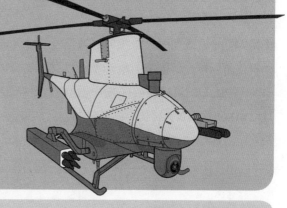

MQ-8C 基于更大型的贝尔 407 直升机研制而成，美军要求它不仅能用于执行侦察和攻击任务，还需要具备一定的运输能力

美国 MQ-9 "收割者" 无人攻击机

　　MQ-9 是由 MQ-1 "捕食者" 无人侦察机改进而成，在顺利完成各项测试后，美国空军司令部最终将 MQ-9 命名为 "收割者"。

　　MQ-9 在重量、功率和载重能力等方面均超过了 MQ-1。MQ-9 的最大起飞重量为 4540 千克，飞行时速可达 480 千米，飞行高度为 15000 米，配备一台功率为 900 马力的涡轮螺旋桨发动机。

　　与 MQ-1 早期型号只能携带侦察仪器不同，MQ-9 可以携带两枚重 500 磅的精确制导炸弹或 14 枚空地武器 "地狱火" 反坦克导弹。MQ-9B 的翼下可安装 6 个挂架，最大外挂重量为 1360 千克。每个内侧挂架最大外挂重量为 680 千克，并且可以挂副油箱的湿挂架。每个中间挂架最大外挂重量为 270 千克，每个外侧挂架最大外挂重量 90 千克。MQ-9 装备了改进型瞄准系统，具有更大的探测距离和更高的分辨率。

　　MQ-9 增强了美国军方战机的作战能力，能在战区昼夜飞行等待目标的出现。武装无人机是有人驾驶攻击机的有效补充，后者能向一个已经被发现的目标倾泻大量弹药，而成本更低的无人机几乎可以持续飞行，只需要地面控制人员换班，挂载轻型弹药的无人机可以有效打击随机出现的目标。

　　MQ-9 原本是为美国空军研制的，但后来也被美国多个不同的单位采用。

● 无人机中的"杀手"

基本参数

操作人员：2 名

长度：11 米

翼展：20 米

高度：3.8 米

空重：2223 千克

载重：1700 千克

最大起飞重量：4760 千克

实用升限：15 千米

续航时间：14~28 小时

作战半径：1852 千米

最大航速：482 千米 / 时

最大巡航航速：313 千米 / 时

武器：6 个武器挂架

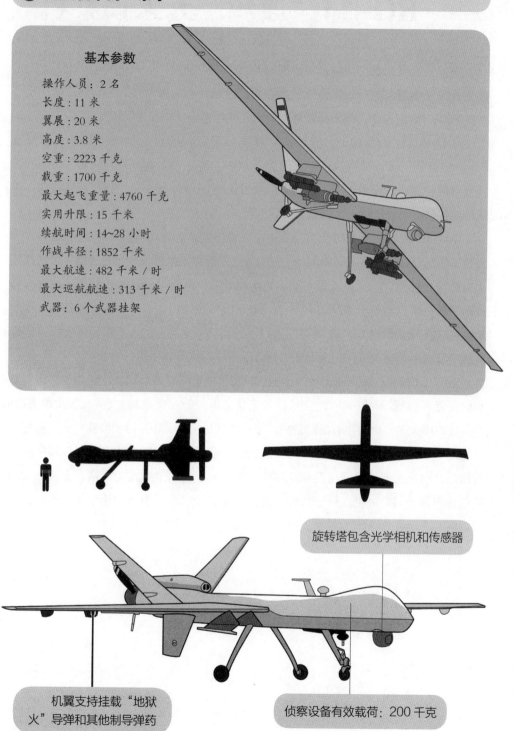

旋转塔包含光学相机和传感器

机翼支持挂载"地狱火"导弹和其他制导弹药

侦察设备有效载荷：200 千克

RQ-11 "渡鸦" 无人侦察机

1986 年，美国航空环境公司研制的 FQM-151 "指针" 无人机成功试飞，它的出现为新一代小型无人机的发展铺平了道路。1999 年，美国空军和海军陆战队采购了一批 FQM-151，用于小部队在野外环境或巷战环境中侦察和搜集情报。

在 FQM-151 的基础上，美国航空环境公司对其进行了改进，于 2001 年推出 RQ-11 "渡鸦" 无人侦察机。和它的前身 FQM-151 一样，RQ-11 "渡鸦" 是一种手持发射的轻型侦察用无人飞行载具，但外形比 FQM-151 更小，供排级部队使用，用于战地侦察，士兵直接用手投掷起飞。

RQ-11 "渡鸦" 无人机全重仅 2 千克，可持续飞行 80 分钟。RQ-11 "渡鸦" 无人机采用编程飞行模式，装有 GPS、昼夜 / 红外夜视摄像机和激光指示器，可向操控人员传输战场画面。操控人员在获取战场图像后，可直接向其他作战部队或指挥部传送。透过机上的航电系统与 GPS 的帮助，RQ-11 能根据需要以人工遥控或自动导航的方式飞行。利用 RQ-11 这类的遥控飞行载具，战场上的士兵不需要实际冒险进入敌境就能进行侦察工作，因而降低行踪暴露并遭攻击导致伤亡的可能。

RQ-11 "渡鸦" 无人机的机身由凯夫拉装甲制造，这种材料被广泛用于军用头盔和防弹背心，具备不错的防弹能力。战场记录显示，RQ-11 "渡鸦" 无人机很少被击落，其损毁原因大多是由失控和故障造成。更令人叫绝的是，RQ-11 "渡鸦" 无人机还有认家的本领。一旦出现故障，与操控人员失去联系，无人机上的安全保障程序就会被激活，引导无人机飞回出发地。即使失控坠落，美军士兵也能根据无人机上的定位信标将其找到。可见，便于携带、操作简单且技术含量颇高的迷你无人机，已经成为陆军士兵可随身携带的 "千里眼"，它们正在非常规战场上大显身手。

● RQ-11"渡鸦"无人机

RQ-11 采用手抛发射的方式

● 携行包装

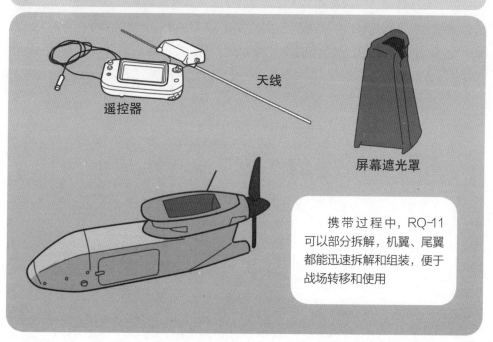

遥控器

天线

屏幕遮光罩

携带过程中，RQ-11可以部分拆解，机翼、尾翼都能迅速拆解和组装，便于战场转移和使用

美国 RQ-170 "哨兵" 无人侦察机

据报道，2009 年 4 月，美国在驻阿富汗坎大哈的美军基地部署了一种从未公开的新型无人机，被称作"坎大哈野兽"。由于美军对该无人机的使用相当保密，媒体的报道也只是只言片语。随着照片的曝光，美国空军于 2009 年 12 月终于公开承认了该无人机的存在。这款无人机是美军在阿富汗战场上测试的新型无人侦察机——RQ-170。RQ-170 的正式绰号叫"哨兵"，它是一种非武装型无人侦察机。

RQ-170 继承了 RQ-3A "暗星"无人机、P-175 "臭鼬"无人机大展弦比翼身融合飞翼气动布局，采用了斜切式 M 型进气道唇口、电磁屏蔽格栅、隐身结构、隐身材料等隐身措施，具有良好的全向隐身性能，可躲避雷达的探测与跟踪。在 RQ-170 的机翼上表面有两个"驼峰"式的卫通天线舱鼓包，可容纳低抛物面波束天线或左右互补型平板相扫天线，具备超视距信息实时传输能力。机身下方任务载荷舱可安装转台式可见光及红外电视侦察设备、主动电子扫描阵列雷达等多种类型任务设备。

RQ-170 可利用其高隐身性能，对热点敏感地区实施隐蔽侦察。战时，它能够在高威胁环境下临空详查，完成包括渗透式战役战术侦察、监视及战效评估等任务。

RQ-170 虽然问世不久，但已经多次执行任务，其中就包括侦察本·拉登的行踪。2011 年 5 月 1 日晚，美国特种部队成功突袭了本·拉登在巴基斯坦首都伊斯兰堡郊区的秘密住地，并击毙了本·拉登。在此之前，美军多次出动 RQ-170 秘密潜入巴基斯坦境内，掌握了本·拉登的行踪并实施监控。突袭过程中，RQ-170 还为奥巴马总统及其高级幕僚提供了实时的视频直播，巴基斯坦军队对整个过程毫无察觉。

● RQ-170 "哨兵" 无人侦察机

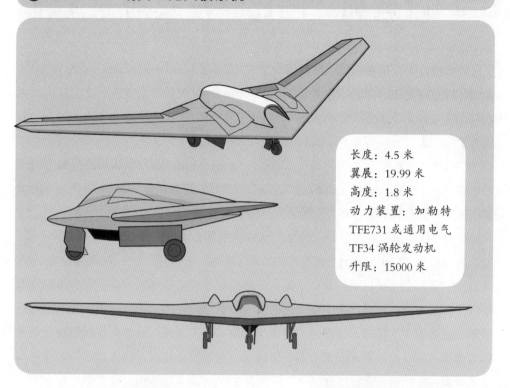

长度：4.5 米

翼展：19.99 米

高度：1.8 米

动力装置：加勒特
TFE731 或通用电气
TF34 涡轮发动机

升限：15000 米

采用了无尾飞翼布局，
外形与 B-2 轰炸机相似

机身表面涂有隐身材料，能
大大降低被敌方雷达发现的概率

机身腹部的整流罩中安装有主动电子扫描阵列雷达

以色列"哈比"反辐射无人机

"哈比"无人机是以色列航空工业公司（Israel Aerospace Industries，简称 IAI）在 20 世纪 90 年代研制的，它是从卡车上发射的，可对雷达系统进行自主攻击的无人机，它的名字取自希腊神话中的鸟身女妖哈耳庇厄，也被称为"空中女妖"和"雷达杀手"。

"哈比"反辐射无人机系统由"哈比"无人机和用于控制和运输的地面发射平台组成。一个基本火力单元由 54 架无人机、一辆地面控制车、三辆发射车和辅助设备组成。每辆发射车装有 9 个发射装置，每个发射箱可装两架无人机。

作为系统的重要组成部分，"哈比"无人机采用小翼弦比三角翼的无平尾式布局，机长为 2.06 米，翼展为 2.1 米，机高为 0.36 米。它的机身呈圆柱状，与机翼融合为一体，飞行操纵翼面主要是机翼后缘的全翼展升降副翼和翼尖垂尾的方向舵。为提高攻击精度，该无人机在机翼上下表面分别嵌有 4 个折叠式直接侧力板，用于无人机飞行中实现无倾斜水平转弯，以便及时地调整导航精度，也可在最终向目标俯冲时起到稳定作用。同时，由于表面覆有能够吸收雷达波的复合材料，机体雷达反射截面积很小，而且红外和光学特征也很小。该机在 2000 米高度巡逻时，不会被光电探测设备捕捉，因此具有很强的生存能力。

"哈比"无人机通常使用集群作战方式，可以在 40 分钟内迅速发射出去，从而全面覆盖目标区域，提高总体作战效能。即使敌方雷达突然关机，目标信号中断，"哈比"也可以及时停止攻击，继续在空中搜索目标，锁定目标后，以近乎垂直俯冲角和极高的俯冲速度向目标发起攻击。

● "雷达杀手"

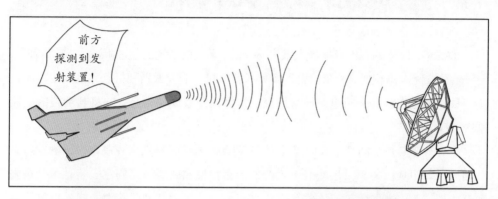

确定雷达位置后垂直俯冲

引爆前端炸药炸毁雷达

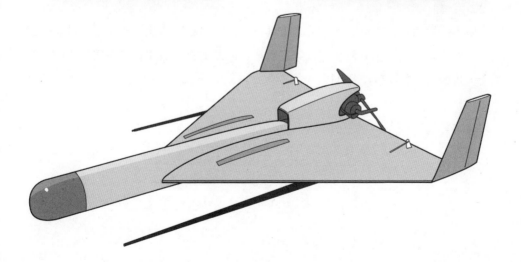

"哈洛普"无人机

2005 年，以色列在巴黎航展上推出"哈比"无人机系统的改进版——"哈洛普"。与"哈比"无人机相似，"哈洛普"集无人侦察机、制导武器和机器人技术为一体，是一种能通过接收和分析电磁波，发现敌方雷达站或通信中心，并将其摧毁的武器系统。

"哈洛普"系统的基本火力单元由 18 架无人机、一辆地面控制车、三辆发射车和辅助设备组成。每辆发射车装有六个发射箱，按照两层三排固定安装，每个箱内装有一架"哈洛普"无人机。整套系统具有良好的机动性和隐蔽性，能根据作战需要迅速转移，可以在极端的战场环境下使用。

作为"哈洛普"系统的重要组成部分，"哈洛普"无人机采用"鸭翼＋三角翼"布局，机身由高强度且低成本的铝材制造。机首位置装有被动雷达导引头，可对截获的不同电磁波信号进行分选、判断，并从中识别出敌方信号，以便进行目标识别和追踪。机身中部装有导航系统和战斗部，其中导航系统采用惯性导航和 GPS 卫星定位技术，配合自动驾驶仪、三轴光纤陀螺和磁罗盘，可以让无人机按照预先编好的程序执行飞行任务。机体内置油箱注满燃料后，"哈洛普"无人机最长滞空时间为 6 小时，巡航速度为 250 千米 / 时，俯冲速度超过 480 千米 / 时。

整架无人机的发射质量约为 160 千克，最大任务载荷是 70 千克，其中，武器载荷为 23 千克，可装填高爆弹头。由于机体表面涂敷有能吸收电磁波的复合材料，红外特征不明显，"哈洛普"无人机在 2000 米高度飞行时，几乎不会被雷达和光电探测设备发现。

值得一提的是，"哈洛普"系统还具备"人在回路"功能，即操控人员能够在第一次指令输入后，仍有机会进行第二次或不间断的指令更正，可在实战中随时调整无人机的飞行航线和打击目标。

● "哈洛普"无人机

"哈洛普"是"哈比"无人机的改进型号，尺寸更大，机首携带的炸药数量也更多

每一辆发射车能携带六架"哈洛普"无人机，三辆这样的发射车为一个火力单元

以色列"鸟眼"无人机

以色列航空工业公司（简称 IAI）是以色列无人机制造行业的标杆，也是世界领先的军用无人机生产厂商。该公司生产的无人机种类众多，不仅有"哈比""哈洛普"这样先进的反辐射无人机，在小型无人机侦察系统方面也硕果累累。

在 2009 年的巴黎国际航展上，IAI 首次展出其新开发的微型无人飞行器——"鸟眼"400 无人机系统，它可为小编队的地面部队提供战场实时图像情报。　这种无人机器采用无尾下单翼结构，主翼后掠，动力装置为电池驱动的电动马达及螺桨推进器。机身搭载的光电传感器组集中在机身下的稳定旋塔内，飞行器采用弹簧弹射方式起飞，机体背面有 4 个着陆支架，着陆时机体翻转靠背部着陆支架与地面摩擦减速。整套系统采用模块化设计，分解后可由两人背携，发射时可在几十分钟内完成组装。

在"鸟眼"400 的基础上，IAI 继续研发了"鸟眼"600 和"鸟眼"650 无人机系统，其性能更强，尺寸也较大，其中，最新型的是"鸟眼"650D 型。

"鸟眼"650D 最大的改进之处就是提高了这一系列无人机的续航水平，改进后的"鸟眼"650D 无人机的任务续航能力从三小时增加到了 24 小时。

"鸟眼"650D 无人机采用前悬挂式活塞发动机驱动，从所展示的模型中并不能看出载荷的预装位置。

飞机通过弹射方式起飞，并通过降落伞和气囊进行回收。与之前版本相同的是，降落伞安装在腹部，当回收时，降落伞从后方弹出，保护载荷免受地面撞击。此外，"鸟眼"650D 无人机拥有更大的机身、更宽的翼展，最大起飞重量为 30 千克。作战半径可达 50 千米。该小型无人机也可用在海军舰船上。

"鸟眼"平台最初使用的是"鸟眼"400 电驱动变体无人机，该变体随后演变为"鸟眼"650 无人机，重 11 千克，续航能力为两小时，搭载相同的 Micro POP 载荷。之后，引入了载荷更轻、电源组更大的无人机，续航能力达到了 3.5 小时。由于电驱动不足以满足战术用户对长航时的需求，"鸟眼"650 无人机通过燃料电池搭载测试使任务续航能力达到了 6 小时。

IAI 的 Mini POP 载荷对于长航时需求而言已经超重，因而改用了更为轻量化的 TASE 350 多传感器，由红外和高清摄像头及重 3.5 千克的冷却红外和 TV 摄像头组成。

"鸟眼"系列无人机

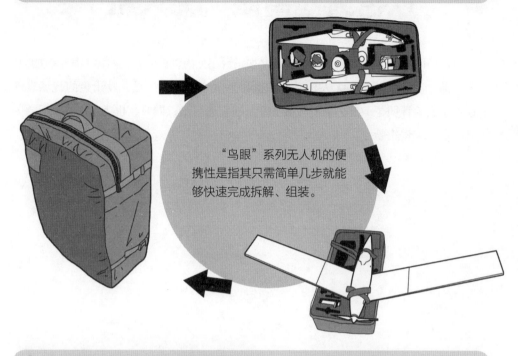

"鸟眼"系列无人机的便携性是指其只需简单几步就能够快速完成拆解、组装。

"鸟眼"400 执行空中侦察任务

以色列"鸟眼"无人机

为达到该小型平台的目的，IAI通过增加一台小型内燃机的方式加强了其续航能力。

目前，"鸟眼"系列无人机已经在世界上多个国家中服役，其出色的战场表现不仅从事实上证明了IAI在军用无人机方面的领先技术，同时，也为IAI研制新的无人机提供了宝贵经验。

明仔科普时间

IAI

以色列IAI是以色列国有军工企业之一，由原以色列飞机工业有限公司于2006年更名而来。IAI一直负责以色列空军编制内所有飞机的检查和翻新工作，并为以色列空军研制了多款有人作战飞机和无人机。

● 以色列军方测试"鸟眼"650 性能

"鸟眼"系列无人机的地面遥控装置

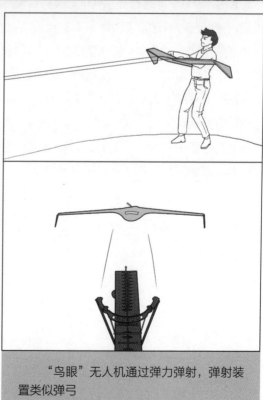

"鸟眼"无人机通过弹力弹射，弹射装置类似弹弓

以色列"竞技神"无人机

以色列埃尔比特系统公司与 IAI 公司一样，同是以色列军用无人机行业的翘楚，该公司研制的"竞技神"系列无人机造型独特，性能优秀，是以色列军用无人机的又一代表作。

"竞技神"无人机，也被称为"赫尔墨斯"，得名于古希腊神话中的"竞技之神"赫尔墨斯。这一系列无人机最早的型号是"竞技神"450。

"竞技神"450 是一种中型无人机，用于执行情报、监视、目标截获和侦察、信号情报、通信中继的任务，适合装备师旅一级的指挥机关。"竞技神"450 采用先进的复合结构和优化空气动力，其飞行高度达 5500 米，续航时间超过 20 小时，能够全自动飞行。它的有效载荷能力超过 150 千克，能装置电光、红外和激光照射器、合成孔径雷达、地面活动目标指示器等。

在"竞技神"450 的基础上，埃尔比特系统公司于 2010 年推出了更先进的型号——"竞技神"900。"竞技神"900 无人机在尺寸和外观上与美国的"捕食者"无人机相似，但以色列的这款无人机主要特点是高空滞留得更持久。"竞技神"900 无人机的翼展为 10 米，可以在空中滞留 36 小时，载重量达 300 千克。这意味着若以每小时 125 千米的速度飞行，"竞技神"900 无人机的最大航行范围是 4500 千米。

这个系列的无人机还包括"竞技神"180 和"竞技神"1500。"竞技神"180 无人机的有效载荷能力为 32 千克，包括电光、红外和激光照射器、合成孔径雷达、地面活动目标指示器等。"竞技神"180 无人机能够通过弹射器或者从跑道上发射起飞，借助跑道或者降落伞和气囊系统完成回收。

● "竞技神" 450

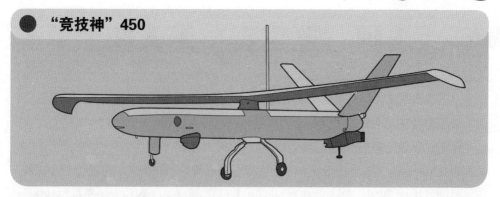

● "竞技神" 900

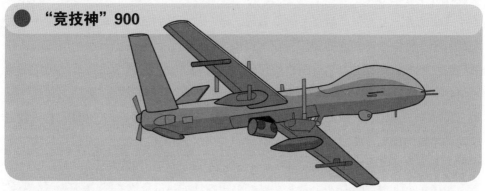

● "竞技神" 180

● "竞技神" 1500

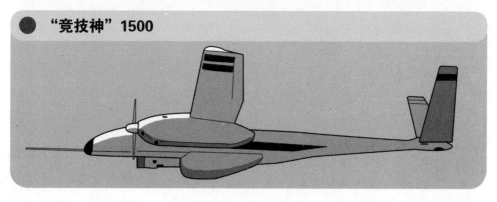

法国"巡逻者"无人机

"巡逻者"无人机是由法国萨基姆公司研制的一种中空、长航时无人侦察机。

"巡逻者"无人机的设计原型来源于德国施特梅公司生产的S-15飞机，其重量是"麻雀"无人机的三倍，依靠跑道起飞降落。它的机身长度为8.5米，翼展为18米，高度为2.5米，最大起飞重量为846千克，有效载荷为200千克，航程为150千米，续航时间可达15小时，靠一台功率为84.6千瓦的Rotax 914涡轮发动机提供动能。

"巡逻者"无人机可与数字战场集成，是一款可进行实时监视和情报收集的无人机系统，可由指挥部队部署，为陆军提供作战支持。同时，也可保护前线部队并为其提供情报信息支撑。它采用模块化设计，能够携带可部署在机身或吊舱中的超过250千克的传感器智能载荷，如光电产品、雷达和信号情报器等。

2011年一年内，"巡逻者"无人机至少完成了18次飞行测试，验证了其机载电子设备系统的稳定性能。2013年之后，"巡逻者"全面进入现役，不仅可以为空军提供服务，并且还能为地面部队和海上交通等领域执行勘察和监控任务。

2016年4月，法国国防采办局和萨基姆公司签订了一份价值3.4亿美元的"巡逻者"无人机采购合同，以满足法国陆军对战术无人机系统的需求。首批交付计划于2018年开展"巡逻者"将替换"麻雀"无人机。

目前，"巡逻者"无人机有两种配置，即光电红外炮塔和雷达，在未来还可能配装电子情报系统。然而，法国没有卫星连接，无人机只能在视距内操作，如何使用"巡逻者"这种大型战术无人机，对陆军来说是个问题。

● "巡逻者" 无人机

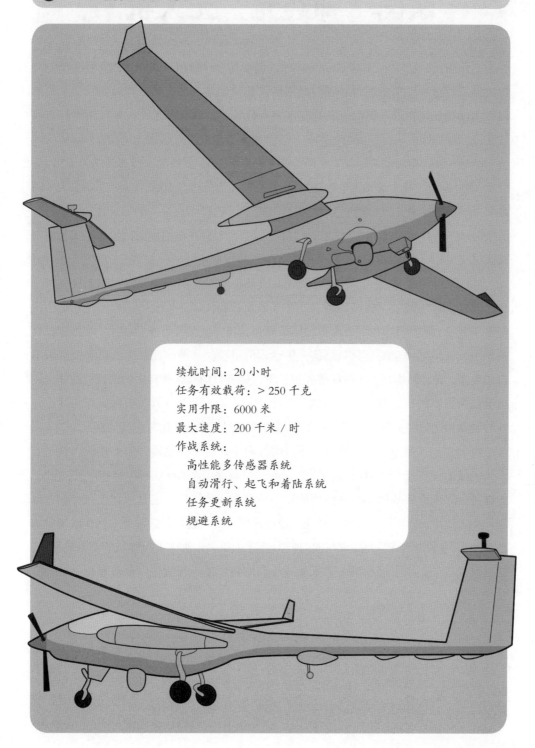

续航时间：20 小时

任务有效载荷：> 250 千克

实用升限：6000 米

最大速度：200 千米 / 时

作战系统：

　高性能多传感器系统

　自动滑行、起飞和着陆系统

　任务更新系统

　规避系统

法国"神经元"无人机

"神经元"无人机是一个由欧洲多个国家参与合作的项目，它由法国主导，瑞典、意大利、西班牙、瑞士和希腊等国分别负责其中的某一部分。"神经元"无人机可以在不接受任何指令的情况下独立完成飞行任务，并在复杂的飞行环境中进行自我校正，它在战区的飞行速度超过现有一切侦察机。

"神经元"无人机采用飞翼布局，机身长为 9.5 米，翼展约 12.5 米，高为 1.86 米，空重 4900 千克，最大起飞重量为 7000 千克，有效载荷超过 1000 千克，采用一台"阿杜尔"发动机，最大飞行速度为 980 千米 / 时，续航时间超过三小时，具有航程远、滞空时间长等优点。2012 年 11 月，"神经元"无人机在法国伊斯特尔军事试验中心首次试飞成功，法国国防部称其开创了战斗机的新纪元。

从技术性能上来看，"神经元"无人机具备隐身性突出、智能化程度高、对地攻击方式多样以及效费比高的特点。在外形设计和气动布局上，"神经元"无人机借鉴了 B-2A 隐身轰炸机，采用了无尾布局和翼身完美融合的外形设计。在机体材料选择上，该机采用全复合材料结构，雷达辐射量少。"神经元"无人机综合运用了自动容错、神经网络、人工智能等先进技术，具有自动捕获和自主识别目标的能力，也可以由指挥机控制其飞行或作战。"神经元"无人机兼具战斗机和导弹的优点，而与导弹相比，它又有着可多次重复使用的优势，在作战使用时更具效费比。

法国实施"神经元"项目的主要目的有两个，一是开发设计未来作战飞机（有人驾驶或无人驾驶）战略性的技术，二是验证创新且高效的欧洲跨国合作模式。由此，"神经元"无人机成为了欧洲研制的第一种隐身作战飞机，也是欧洲第一种合作研制的无人战斗机，更是欧洲第一种完全使用建模与仿真技术设计和开发的作战飞机。

不过，从严格意义上说，现在的"神经元"无人机是一种无人机领域的技术验证机，通过它的验证，来了解和发展未来战斗机在隐身性能、智能化以及信息化上的关键技术。

"神经元" 无人机

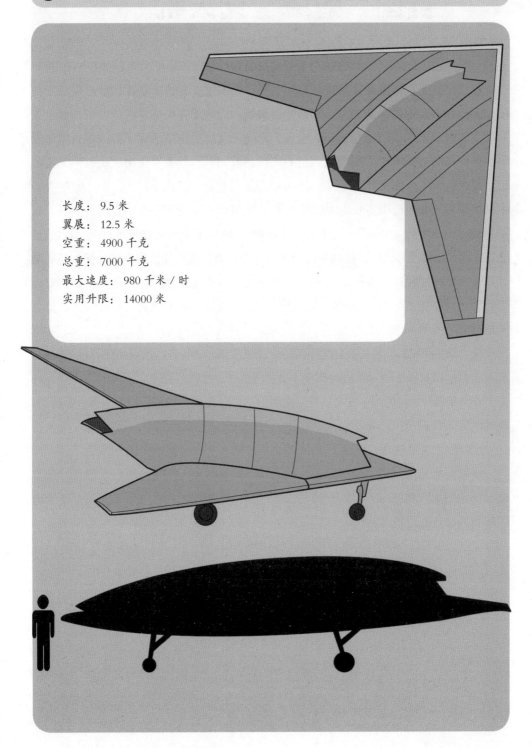

长度：9.5 米
翼展：12.5 米
空重：4900 千克
总重：7000 千克
最大速度：980 千米／时
实用升限：14000 米

英国"螳螂"无人机

"螳螂"无人机是一种中高空、长航时无人机，它有着全自动化实施任务的能力。

"螳螂"无人机已经在一次由英国国防部投资进行的技术验证计划中完成了首飞，并且在首飞中成功地通过了一系列的试验，对该无人机系统的能力以及满足英国未来作战需求的潜能进行了延后验证。此外，这项工作也增强了英国在自主研发中高空、长航时无人机系统方面的信心。以目前来看，至少有两架"螳螂"无人机已经秘密投入战区进行实战测试。

"螳螂"无人机机身长为 19.8 米，它的机身大小相当于一架中程的轰炸机，翼展为 21.3 米，空重 1000 千克，最大起飞重量为 9000 千克，续航时间为 30 小时，最大速度可至 556 千米 / 时，机载系统配置有 6 个武器挂架，能携带空地导弹和精确制导炸弹。该机能够连续飞行 24 小时，完成相当于 4 架直升机的侦察任务，不需要人工控制也能自行规划航线、设定攻击目标，这种新型的无人机被英军称为"机器人飞机"。

全自动型"螳螂"无人机由两部涡桨发动机提供动力，可以执行的任务包括情报、监视、目标截获和侦察以及近距离空中支援等。

在"螳螂"无人机诞生之前，英军使用的是美国和以色列制造的无人机，而现在，英国的无人机制造生产水平已经达到了世界领先水平，率先推出了"螳螂"无人机这一全新的无人机概念，并已于 2015 年之后，进入了全面部署实施的阶段。

在英国成功研制出"螳螂"无人机之后，其他的无人机制造商也纷纷开发此类全自动化的无人机技术，但始终还是没能达到"螳螂"无人机的水平，至今还未出现能与之抗衡的产品。

"螳螂" 无人机

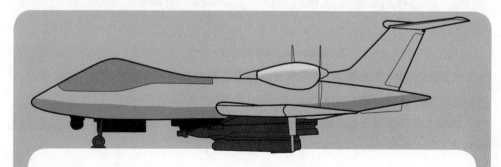

长度：19.8 米

空重：1000 千克

最大起飞重量：9000 千克

最大速度：556 千米 / 时

续航时间：30 小时

武器：6 个武器挂点可携带 4 枚重 226 千克的 "宝石路" IV 精确制导炸弹和两枚 "硫磺石" 地空导弹

研制 "螳螂" 无人机的目的是使之成为 "捕食者" "收割者" 等无人机的替代机型

英国"雷神"无人机

"雷神"无人机项目始于 2006 年 12 月，旨在验证英国自主研制生产隐身无人作战飞机的能力。"雷神"这一名称出自凯尔特神话，代表着力大无穷、战无不胜。

"雷神"设计初衷是用于高速洲际飞行，要求该机在卫星监控下可以从英国飞往世界各地发动袭击，能够到达地球的任何一个角落执行相应的军事任务。为此，"雷神"充分利用机内空间装载了大量燃料，航程达到数千千米。为增大航程，"雷神"采用了大后掠前缘的翼身融合体布局，机身和机翼的后缘分别对应，并平行于前缘，从而确保飞机具有跨大洲攻击的能力。

根据作战需要，"雷神"可从英国起飞，对远在阿富汗的目标进行纵深打击，大大降低军事人员在前线作战的风险。

"雷神"装备了自动人工智能系统和识别系统，其最基本的机载探测设备都是先进的光电和雷达传感器。未来还将装备正在研制的保形雷达、战术数据链、图像采集和开发系统等。"雷神"能通过一个低波段数据链向地面中继传送图像，或者通过卫星实现洲际间传输。因此，"雷神"在情报与态势感知方面，可执行从目标截获到战后作战损伤评估等作战全过程的任务。同时，"雷神"还能根据作战需要自动选择、编辑和传送战场上的数据，而不是毫无选择地将大量信息发送给作战人员。此外，"雷神"先进的计算机自动控制系统能够独立应变，执行各种任务。它可按照设定的要求滑行、起飞，并沿着搜索空域和最佳航线航行，自动躲避威胁或者选择需要打击的目标。

在武器方面，"雷神"装有两个内置武器舱，能够携带多种导弹以及定向能武器、高功率激光或微波武器等，可在多个目标上空投放弹药，对多个目标形成雷霆万钧式的精确火力打击。

● "雷神"无人机

长度：11.35 米
翼展：9.94 米
高度：4 米
最大起飞重量：8 吨
发动机：一具劳斯莱斯公司阿杜尔 MK951 型发动机
武器：两枚空空或空地导弹

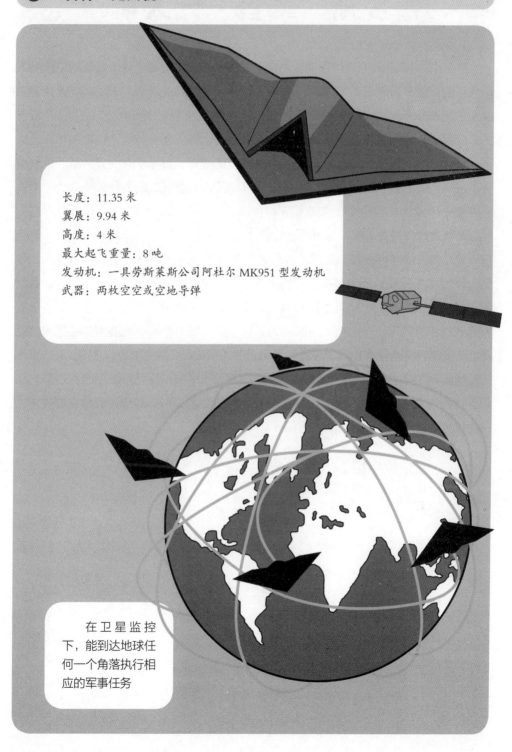

在卫星监控下，能到达地球任何一个角落执行相应的军事任务

俄罗斯"鳐鱼"无人机

　　早在 2004 年，俄罗斯国防部就决定研发一种用于执行对地攻击任务的空中无人作战系统，俄罗斯著名的苏霍伊公司和米格公司都在俄罗斯空军的要求下开始了对无人作战飞机的研制。其中，米格公司的"鳐鱼"无人机已经问世。

　　"鳐鱼"为无尾飞翼式布局，十分强调隐身性能，其机翼前、后缘和机身边缘采用平行设计，将高强度雷达反射波集中到与机身前、后缘垂直的方向上。进气道位于机身上方接近机头部位，采用单进气口"叉式"进气，两个分叉的进气道由垂直隔膜分开，以防止入射雷达波直接照射发动机风扇的迎风面后形成强反射源。另外，机腹武器舱门和机身所有口盖边缘也被设计成锯齿状。

　　"鳐鱼"的外形设计和美国波音公司的 X–45C 无人机极为相似，但重量和尺寸比 X–45C 要小很多。目前具有空战能力的智能化无人机技术尚处于起步阶段，各国现有的无人机基本上都是用于侦察和对地攻击，短时间内，无人机还难以具备与有人驾驶战斗机进行格斗的能力。因此无人机要在战场上生存，就必须依靠优秀的全向宽频带隐身性能，这也是"鳐鱼"采用无尾式飞翼布局的主要原因之一。

　　"鳐鱼"拥有两个内置武器弹舱，能够携带像 Kh–31A 反舰导弹（弹体长度达 4.7 米）这样的大型精确打击武器，该型机不仅能够对水面目标和地面目标发起攻击，还能执行压制敌方地面防空系统的任务。

● "鳐鱼"无人机

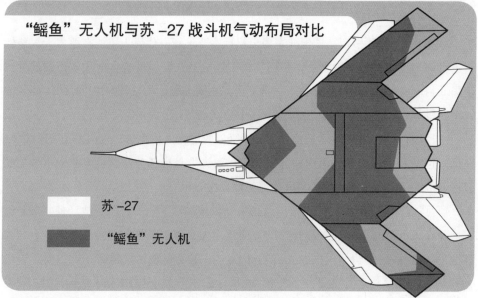

"鳐鱼"无人机与苏-27战斗机气动布局对比

苏-27

"鳐鱼"无人机

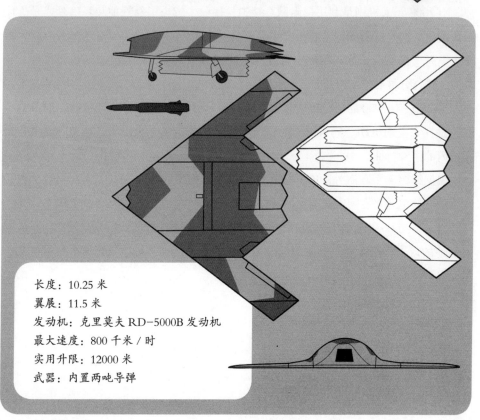

长度：10.25 米

翼展：11.5 米

发动机：克里莫夫 RD-5000B 发动机

最大速度：800 千米 / 时

实用升限：12000 米

武器：内置两吨导弹

德国"月神"X-2000无人侦察机

　　20世纪90年代中期，德国陆军提出招标，要求新一代无人机能在恶劣天气条件下进行探测、识别、位置定位，传回实时图像数据，要尽可能多地采用市购部件，以降低制造成本。随后，数家公司分别提出了不同方案。在竞争中，"月神"X-2000方案赢得军方青睐，并签署了相关研制合同。

　　"月神"X-2000是一种轨道发射、伞降回收的无人侦察机，它的操作非常简单，在低空巡航和执行侦察、识别并捕捉敌方远程火力目标任务时，可将几十千米外的目标定位并传给火炮指挥所，使火炮能精确命中目标。

　　"月神"X-2000无人侦察机本是用来提供旅级以下陆军部队的战场侦察服务，因此，在设计上特别强调野战操作的方便性。为了省去额外的起降作业需求，"月神"X-2000采用结构简单的拉索弹射系统，只需要军用轮式越野车（主要是奔驰公司的"乌尼莫格"吉普车）的标准24伏电力供应就能操作。而在返航时，"月神"X-2000无人机则是利用拦阻网直接拦停回收，省去了额外加装降落伞或是落地需要跑道的问题。由于起降几乎不需要额外空间，"月神"X-2000的部署时间大幅缩短，只要弹射器、拦阻网和综合式操作控制台各就各位，就能立刻执行任务，非常适合执行分秒必争的前线野战侦察搜索任务。

　　"月神"X-2000的气动布局非常合理，在一定程度上借鉴了滑翔机的原理，因此，即使是在无发动机动力的情况下，仍然可以滑翔相当长一段距离，可消除其在目标区域内的声频特征。

　　根据德国陆军在海外的实际操作经验，"月神"X-2000不论是在科索沃的巴尔干山地气候中还是在阿富汗战区的沙漠气候中，都能够维持超过80%的出勤率。不过，"月神"X-2000并非没有缺点，它的飞行速度与高度均较低，容易受到高射机枪或高射炮的攻击，未来德军会考虑修改发动机设计，让"月神"系列无人机能在高炮射程以外执行任务。

● "月神" X-2000 系统

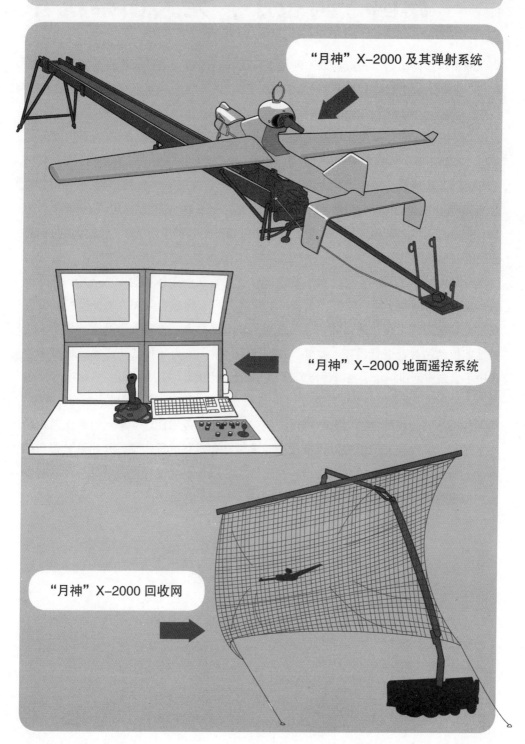

"月神" X-2000 及其弹射系统

"月神" X-2000 地面遥控系统

"月神" X-2000 回收网

德国"阿拉丁"无人侦察机

2001 年，德国陆军正式启动"阿拉丁"无人机的研发工作。在研制过程中，借鉴了"月神"2000 无人机的设计经验，因此，在很短时间内就顺利生产出两架样机，并进行了试飞。

"阿拉丁"无人机系统是由一架无人机、一个地面控制站和操作人员组成，通常与"非洲小狐"侦察车配合使用，执行近距离侦察任务。

在白天执行任务时，"阿拉丁"的任务载荷会选用 4 台分辨率为 752×582 像素的彩色电视摄像机。在夜间执行侦察任务时，其任务载荷选用一台分辨率为 320×280 像素的斜前视红外热成像电视摄像机和一台分辨率为 752×582 像素的斜前视彩色电视摄像机。

不工作时，"阿拉丁"无人机通常被拆解并装在一个体积为 600 毫米 $\times$ 300 毫米 $\times$ 400 毫米的箱子里，以方便携带。如果要使用"阿拉丁"无人机，操控人员可在数分钟内完成无人机的组装，然后采用手抛或弹射方式将其发射升空，之后，通过地面控制站对其进行操控。此外，"阿拉丁"采用了自主化的防撞系统，飞行过程中不会碰撞到建筑物、高塔等障碍物，飞行安全性好。

"阿拉丁"无人机的地面控制站仅重 17 千克，设有背带，可由操控人员背负携带。地面控制站有耐震的控制器和数据链天线，有效控制范围超过 5 千米。在无人机的飞行过程中，操控人员也可以根据任务需求对飞行线路进行调整，并能通过指令控制无人机在指定区域上空盘旋飞行，利用搭载的摄像机对目标进行观察并及时将拍摄到的视频自动存储在录像带上，以供评估。

"阿拉丁"无人机系统

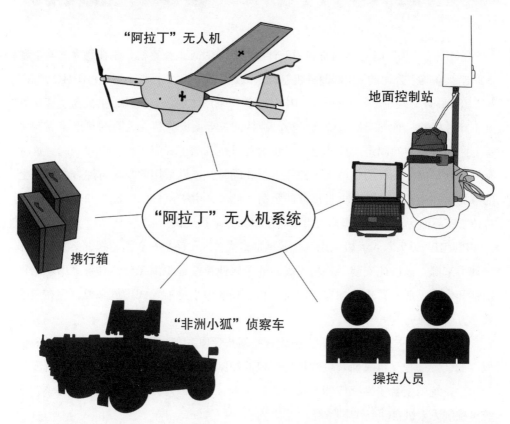

"阿拉丁"无人机

地面控制站

"阿拉丁"无人机系统

携行箱

"非洲小狐"侦察车

操控人员

"阿拉丁"无人机外形小巧，可直接通过手抛发射

翼展：1.46 米

长度：1.53 米

高度：0.36 米（包括天线）

重量：3.20 千克

最大速度：90 千米 / 时

飞行范围：超过 15 千米

最大续航能力：60 分钟

最大飞行高度：300 米

167

意大利 P.1HH "锤头" 无人机

P.1HH "锤头" 是意大利研制的一种中空长航时无人侦察机，是在意大利航空制造商比亚乔航空公司的 P.180 商务机基础上改进而来的。从外形上看，P.1HH "锤头" 和 P.180 商务机几乎一模一样。P.1HH "锤头" 采用了中单翼设计，主机翼后移，翼梁不穿过机舱，有利于发挥空间优势。独特的三界面设计将无人机的 T 形尾翼和机头上两侧各一个的固定式鱼鳍形上反角前翼以及着陆襟翼完美地整合在一起，这种布局有利于提升飞机的整体飞行性能。与此同时，该机采用的襟翼可配合主机翼上的襟翼一同展开，可减少机身尾部的负荷。此外，由于该机的螺旋桨和发动机进气口位于座舱两旁，其内部噪声要低于常规涡桨发动机飞机。

P.1HH "锤头" 无人机采用两具普惠加拿大公司 PT6A-66B 涡轮螺旋桨发动机作为动力来源。该机还安装了容量更大的油箱以便持续远距离飞行，具备更出色的稳定性和作战灵活性，较之拥有相同航速和航程的中小型喷气式飞机来说，它在节油效率方面表现更为突出。

P.1HH "锤头" 无人机拥有先进载具控制及管理系统，配合飞行控制计算机和伺服界面装置操控飞机翼面及机载仪器。地面控制台可透过空中资料链向该系统发出指令。系统内配备惯性感应器及探针收集位置、飞行高度及飞行数据。此外，该系统可控制无人机自动起飞和降落。

2013 年 2 月，首架 P.1HH "锤头" 无人机原型机成功升空。2013 年 11 月 14 日，比亚乔航空公司首次成功完成了 "锤头" 无人机的技术验证机的试飞。试飞的成功也展现出了 "锤头" 无人机出色的综合性能。该无人机的续航时间为 16 小时，最大起飞重量为 6146 千克，升限高度为 13716 米，平均起飞滑跑距离为 869 米，降落滑跑距离 872 米。

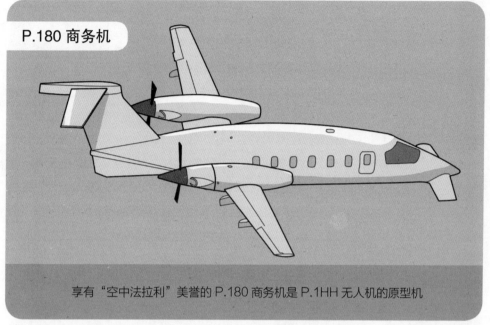

● "锤头"无人机

P.180 商务机

享有"空中法拉利"美誉的 P.180 商务机是 P.1HH 无人机的原型机

P.1HH "锤头"无人机

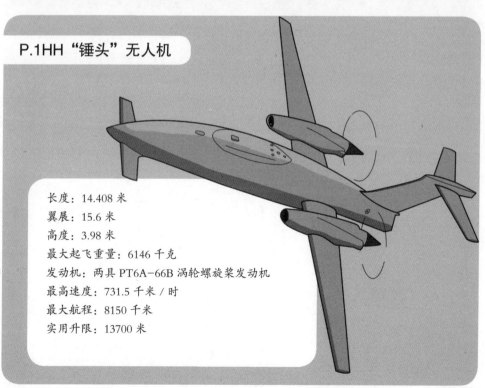

长度：14.408 米

翼展：15.6 米

高度：3.98 米

最大起飞重量：6146 千克

发动机：两具 PT6A-66B 涡轮螺旋桨发动机

最高速度：731.5 千米 / 时

最大航程：8150 千米

实用升限：13700 米